里山再興と環境ＮＰＯ

――トンボ公園づくりの現場から――

里山再興と環境NPO

—トンボ公園づくりの現場から—

新井　裕　著

目　次

序――はじめにとして　1
里山ブーム　5
里山保全の問題点　9
生物保全を切り口に里山保全　14
トンボ公園づくりからのスタート　19
トンボ公園づくりの意義　22
トンボ公園づくりの実際　25
トンボ公園のトンボ保全効果　29
トンボ公園の他の生物の生息状況　33
トンボ公園づくりの評価と限界　37
ビオトープづくりの疑問　39

里山再興と環境NPO

活動の誤算 45
会員の意識調査 49
アンケート結果から思うこと 55
トンボ公園づくりからの教訓 57
ボランティア組織の難しさ 60
深刻な子供たちの自然離れ 63
次のステップへ向けた活動 67
寄居町の里山の現状 71
雑木林の現状 76
地主や農家の意向 78
研究会の活動方針 83
田んぼづくり 85
田んぼづくり教室 88
田んぼの生きもの調査 90
難しい畑の保全 96

雑木林の管理と活用　101
雑木林の動植物調査　103
里山体験イベント　106
資金調達の課題　112
資金獲得に向けた試み　118
生物多様性保全に向けた諸提案　121
あとがき　131

序—はじめにとして

最近、「生物多様性」や、「里山」、「身近な自然」という言葉をよく目にするようになった。生物多様性の保全については一九八〇年代の後半から、その重要性が国際的にも強く認識され、一九九三年に「生物多様性に関する条約」が発効した。わが国もこの条約に加盟し、これに受けて一九九五年に「生物多様性国家戦略」が、二〇〇二年にはその改訂版ともいえる「新・生物多様性国家戦略」が策定された。この新戦略では、里地・里山を生物多様性保全に向けた重要な地域として位置づけられている。

一方、市民サイドからも里山が注目されている。それは、身近な自然への回帰や危機、循環的・持続的な資源利用の評価、農業問題、コミュニティの喪失などが背景にあると思われ、多様な動機によって様々な人々が里山にかかわりをもとうとしている。さらに、農林行政サイドからも農業のもつ多面的機能、とりわけ生物多様性の場としての農村の重要性が主張されるようになってきた。

このような状況の中で、農業生態系の生物多様性についての関心が高まりをみせ、各方面からその保全を目的とした取り組みが活発化してきた。

現在、里山にかかわっている市民グループは全国で二千団体に及ぶという。その活動は多岐にわたるが、とりわけ環境保全を目的としている団体が多く、保全に向けての様々な活動が行われている。里山の自然を保全するためには、開発から守ることはもちろんであるが、それだけでは不十分であり、適度に手を加えることが不可欠である。雑木林の下刈りが行われたり、山間の窪地にイネがつくり続けられることなどによって、動植物の生息場所が守られ

新緑の春（谷津）（千葉市、1997、撮影：吹春俊光）

てきた。こうした、市民活動団体の中で注目されているのが、法人格をもったいわゆるＮＰＯ（特定非営利活動）法人である。これはＮＰＯ法（特定非営利活動推進法）の施行（一九九八年三月二五日公布・二〇〇三年五月一日改正）によって可能になった法人で、現在ＮＰＯ法人は全国で一万五千団体もあるといわれ、これからも急速に増加するであろう。また、行政もこれまで抱え込んでいた事業を、民間とくにＮＰＯに託そうとの動きが急速に広がっている。これまで、役所と企業とで営まれてきた社会システムにＮＰＯが参画する時代が到来したと言えよう。

しかし、その一方でＮＰＯ自体も大きな課題に直面している。とりわけ環境系ＮＰＯの課題は深刻である。私たちはＮＰＯ法が施行されて間もなく法人格を取得して活動をしているが、法人としての経済的自立ができない状態が続き、展望を見いだせないままでいる。このような悩みは他の環境系ＮＰＯも同様ではないだろうか。これからもさらに新しいＮＰＯが誕生する一方で、人知れず姿を消すＮＰＯも増えることだろう。ＮＰＯ支援として助成財団が助成金を交付しているが、助成金にありつこうと多くのＮＰＯが申請し、しのぎを削っている。自然再生推進法の成立（二〇〇三年一月一日施行）など、行政の事業委託の動きも出ているが、営利企業がＮＰＯ法人と名を変えて事業受託に乗り出しているとも聞く。これからはＮＰＯも競争社会に巻き込まれるのであろうか。いろいろ考えると、ＮＰＯが増えても何も変わらないという暗い気持ちになってくる。時折、シンポジウムなどで環境系NPOの方々と話をすると、共通の悩みを抱えていることを知るが、一緒に悩みを解決しようと言うところまでは進まない。お互い自分たちのことが精一杯で、協力するゆとりがないのだろう。

本書は、闇夜の中で光を求め、うごめいているNPOの現場からの声である。『成功物語』でも『ハウツウ本』でもない。どうしたらよいのか、それは分からない。しかし、問題点や課題についてざっくばらんに打ち明け、課題解決に向けてともに知恵を出し合ったり、協力関係を築けたらと願っている。本書がそのためのたたき台として、少しでもお役に立てれば幸いである。

里山ブーム

最近は里山ブームというべき状況で、テレビで里山の映像をよく目にする。以前には見向かれもしなかった里山（**写真1**）が、ここへきて注目を集めている。高度経済成長期以降、ずっと里山の自然は失われきていたのだが、失ったものより経済的に得ることの方が大きかったので、人々はその存在を気にしなかったのだろう。しかし、やがてバブル経済がはじけ、物質的な豊かさを享受した一方で、経済社会がもたらした弊害や失ったものの価値に気づいたことが里山ブームのきっかけであろう。こうした里山ブームの背景や里山の自然の荒廃については、

写真1　里山の風景（NPO自然環境復元協会カタログより）

多くの識者によって論述されているので、ここでは詳しく述べないが、概ね次のとおりにまとめることができるだろう。

すなわち、里山での暮らしは生活のために循環的に資源を活用し、その結果多様な環境が形成され、多様な生物がすみついた。人々はその生物をとおして、恵みだけでなく潤いも享受してきた。里山は人と生きものとの共存の場で、持続的な資源活用社会であり、それを支えたのは地域のコミュニティであったし、地域固有の伝統文化でもあった。

しかし、都市に人口が集中しはじめると、その生活の場を近郊の里山一帯に求めるようになり、インフラ整備の名のもとに様々な開発の波が押し寄せてきた。その結果雑木林が切り崩され、田んぼが埋め立てられ、繁栄してきたその裏で生きものたちの生息環境を奪い、生きものをいとおしむ心だけでなく、地域のつながりなど多くの大切なものを失ってしまった。現代社会が失ってしまった様々な機能を里山が備えていたことに

写真２　千里ニュータウン
（(財)大阪府千里センターＨＰより）

気づいた結果が、今日「里山」を再認識するきっかけとなった所以であろう。

そこで、里山荒廃の原因を考えてみると大きく三つに凝縮できる。一つは大規模開発である。丘陵地が東京の多摩ニュータウンや大阪の泉北ニュータウンなど次々と大規模住宅地に変わり、加えてゴルフ場、工業団地の造成が行われてきた。今日ではゴミの処分用地としても里山は狙われている（写真2、写真3）。

二つ目は燃料革命によるライフスタイルの変化である。石油の登場により燃料として薪や炭が使われなくなったり、化学肥料の普及により堆肥材料としての落ち葉の価値も低下し、薪炭林の経済的価値が失われた。この結果、雑木林の経済的価値が低下し開発用地として売りに出されたり、管理不足による荒廃を招いている。

三つ目は農業構造の変化である。それは、機械化に向けた農地の改良や農薬の大量使用などの耕作技術の変化、外国からの農産物の輸入による価格の低下、それらに伴う兼業化、農業従事者

写真３　林道わきの斜面に捨てられたゴミ
（八都市県市廃棄物問題検討会ＨＰより）

の高齢化、後継者の減少等々、農業を取り巻く環境が大きく変化した。こうした状況は遊休農地を増加させ、共同作業や地域の行事を困難にし、地域コミュニティの喪失につながっていった。

しかし、このような変化は社会の近代化に伴う必然的な現象でもあり、社会が望んだものであろう。これからもライフスタイルは変化し続けるだろうし、それに伴って価値観も移り変わっていくことだろう。

こうした状況の中で、最近は官民あげて里山保全の重要性が提起されてきたというのが今日までの流れであろう。

里山保全の問題点

里山ブームの中で危惧する点がいくつかある。その一つは、今日里山保全を声高に唱えている人々の大半は土地をもたない地域住民、都市住民であるという点である。

最近は環境デカップリングの議論が高まっている。農村環境を保全するためには農業従事者だけに責任を負わせるだけでなく、地域住民や都市住民も一体となって取り組むことが必要であり、実際にため池自然の保全や棚田の復元（写真4）など、様々な活動が各地で行われている。私も、耕作に伴う環境保全機能の役割を社会はもっと認

写真4　復元された棚田（伊豆松崎町、自然環境復元協会資料）

めるべきで、農水省もそれに伴う農家への直接保証に本腰をあげて乗り出すであろう。

しかし肝心なのは、農家の人々がそれを喜ぶかどうかである。農家、とりわけ専業農家は農業のプロである。彼らは少しでも多くの収穫を得ることや、少しでも品質の良い作物を収穫することにプロとしての喜びと誇りを感じている。確かに、農家の営みによって生物多様性や景観が守られてきたのは事実であるが、彼らはそれを目的として耕作してきた訳ではない。それ故、農家自身が農業の環境保全機能を認めてはいても、その対価を誇りをもって受け取ることはできないのではないだろうか。そこには、生業としての農業の経済的自立と農業の環境保全機能とが混同されて議論されている面が否めない。

最近は、無農薬有機栽培に取り組む専業農家も増えているが、彼らの中ですら田んぼの生きものに関心をもっているのは少数派である。もちろん、農家や地権者の中には環境保全に向けて頑張っておられる方もあり、生物保全に向けた試みを行っている土地改良区も現れてきた。しかし、それでもこれらはまだごく少数派である。

もう一つの問題点は、これまでの里山保全の仕組みを無批判に受け入れてよいのかという点である。確かに、里山での資源の持続的な活用やリサイクルの仕組みは賞賛すべきことである。だからといって、従来の里山社会そのものまで手放しで賛同してよいものか疑問に思う。里山での暮らしは共同作業が多く、相互扶助が欠かせないもので、その暮らしを通してコミュニティが形成されていたのも事実であろう。しかし、資源の利用を巡る争いも少なくなかったはずである。その争いを防ぐための掟や因習、権力支配が存在したに違いない。田の水入れ一つとっても順番があり、自分の都合を優先させることはご法度である。絶えず周囲の目を気にして暮らすことは、とても現代的とは思えない。

さらに、里山は地域資源を守るために新参者を受け入れない排他的な面も否定できまい。私は里山に引っ越してきて二〇年以上になるが、いまだに地域に受け入れられていないような気がしており、同様に感じている新住民を多く知っている。また、里山一帯には収穫を祝ったり、安全を祈願する各種の伝統行事（**写真5**、**写真6**）が残されている。それらの伝統や文化には特定の宗教行事と結びついたものも多い。伝統行事や祭りの復活を地域興しのバネにしよ

写真5　寄居玉淀水天宮祭（寄居町ＨＰより）

うとの動きもあるが、それらへの参加が宗教活動の強要に結びつく恐れもあろう。価値観が多様化している現代社会にあって、特定の価値観を強要するのはとても危険なことではないだろうか。

三番目の問題点は、土地所有権や管理主体は誰かという点である。二次林にしろ水田にしろ、良好な状態に保つためには管理が必要である。また、これからの里山保全は行政と市民、地権者とのパートナーシップが必要だという。全てがもっともなことだが、具体的な話になると多くの問題点にぶつかってしまう。雑木林の持続的な管理は誰が行うのか、米をつくらない田んぼを誰が耕作するのか、もちろんそれは所有者であるが、所有者ができなくなったからこそ里山の荒廃が生じたのである。そこで、市民参加が唱えられているのだが、地権者や農家にとって、市民や市民団体は独りよがりの信用のおけない輩と映るだろう。

写真６　よりい夏まつり
（八坂神社寄居町ＨＰより）

農地は、農地法により非農家や市民団体が所有したり借りることに制限がある。そのため行政の介入が必要になるが、行政も立場が曖昧である。今後、土地を共有財産として位置づける必要があると思うのだが、コンセンサスを得るのは難しいし、所有権を制限する危険な面も潜んでいる。問題点についての第三者的な議論は盛んであるが、解決策が見出せず、なかなか先に進まないというのが現実である。

生物保全を切り口に里山保全

このように、里山を管理するには複雑な問題が多く存在しているが、今日その解決に向けて様々なアプローチが試みられている。それは、文化面や歴史面、農業面など様々な切り口があるが、私たちは生物多様性保全という面からアプローチしようと活動を行ってきた。

最近は、生物多様性条約の締結やビオトープづくりなど、生物への関心がたかまっている。しかし、なぜ生きものの多様性が大切なのかという問題には説得力のある答えを聞かない。「新生物多様性国家戦略（二〇〇〇年）」によれば、①人間生存の基盤、②世代を超えた安全性・効率性の基礎、③有用性の源泉、④豊かな文化の根元、⑤予防的順応的態度、の五つを基本理念として掲げている。このとおりであろうが、一般市民が肌で感じられるような、生活に密着した説得力のある理論とは言い難い。

一方、「保全生物学」の解説書をみると、生物多様性には種、遺伝子、生態系、景観の四つのレベルがあるという。しかし、我々市民の大半は、専門的な知識ももちあわせていないので、難しいことを言われてもよく理解できない。そもそも、保全生物学という学問があることすら知らない市民が大半である。

トキが絶滅に瀕している。ニホンオオカミやカウウソのように、すでに日本から絶滅したと考えられる生物もいる。トキやオオカミが絶滅したからと言って、私たちの生活に不自由をきたしたとも思えない。一般市民にとって最も切迫して感じられる生きものといえば、ゴキブリやダニ、ハチなどの危害を及ぼしたり不快感を抱くものたちである。

私たちにとって、危害を与える生物はいないに越したことない。害となる生物までなぜ必要なのか、生態系の複雑さ、生物の未知の利用可能性などを取り上げたとしても、生物多様性保全の根拠としては説得力に欠ける。景観の多様性も同じである。確かに、多様な植生によって多様な景観が形成される。だからといって、林床の植物や土中の微生物の多様性まで景観に置き換えることは困難である。

学問として学者や研究者には理解できても、そしてそれが正しい概念であっても、我々一般市民に理解されなければ学問の世界で終わってしまう。最近は遺伝子分析の技術が進み、同じ種であっても遺伝組成が地域によって少しずつ異なることが分かってきた。だから、同じホタルであっても遠く離れた地域の個体を移植すべきではないという。こうした問題のため、ときおりホタルの放流に対し自然保護団体から横やりが入るといった問題が生じる。

それでも、生物は移動するものである。移動し、遺伝子の交流を行うことによって個体群が維持されているはずである。それでは、どの距離までなら人為的な移動は許されるのであろうか。開発等でやむ得ず自然が改変されることで、その代償として同等かそれ以上の環境を近くに復元するというミティゲーションと呼ばれる代替処置がある。だが、人為的な個々の生物の移動がどこまでなら許容できるのか、明確な数字を出すことは困難であろう。

ブラックバス・ブルーギル問題の対立も同様である。バス擁護派は確かに移入直後は生態系を攪乱するが、時間の経過とともに生態バランスは安定する。在来魚が減少しているのは、その一帯を取り巻く環境自体に問題がある。そして何より、趣味やレジャーだけでなく、自然離れが進む子供にとって生きものとふれあう場を提供するのがバス釣り（スポーツフィッシング）であって、それまでも取り上げるべきではないと主張する。

一方、反対派はブラックバス・ブルーギルは他の在来生物に壊滅的な打撃を与え、生態系が安定した時には既に手遅れだという。食欲旺盛で繁殖力・生命力の強く、その上天敵が少ないという格好の生息環境下では、在来魚種などはひとたまりもなく駆逐されてしまうと、各地の実態をデータに基づき警告している。

確かに、大型魚種とこのブルーギル以外はほとんど捕食してしまうブラックバス（写真7）と、小魚だけでなく魚卵を好んで食べるブルーギルの生態をみると、良好な生態バランスをとること自体が無理だと思える。

前述したように、わが国にはその地域だけにしかいない固有種が数多く生息し、長い年月をかけて環境に順応して種を継承してきた。それら生きものを人間だけの都合で絶やしてしまうことは許されないはずである。

しかし、この議論はマスコミでも多く取り上げられ関心を呼んでいるはずなのだが、それでも各地で放流（人為的移動）が後を絶たない。これは議論以前の問題で、ここまで問題を広げてしまった最大の原因は、この無関心さであったのではないだろうか。在来種の一種や二種が絶滅したからといって、直接我々の生活の影響があるわけでないと思うかもしれないが、実はその土地の特有の歴史、風土、文化を形成してきた要素までも断ち切ってしまうことになる。狭く小さな島国だが、各地に様々な多様な文化が根

写真7　ブラックバス（オオクチバス）
（竹内、2002）

づいてきたのも、多様な生物・環境があったからこそ育まれてきたわけで、ただの生きもの生き死にだけの問題ではなく、「国の姿・かたち」という面での議論も必要であろう。

したがって、生物多様性も釣りも決して人ごとではなく、我が身、我が子の問題であるという、切迫感の欠如こそが憂うべき問題ではないだろうか。本書のテーマである里山についても、「里山の保全は人と生きものとの関係をいかに修復するのか」ということだと思う。生物だけではない、人だけでもない、人と生きものとの相互扶助や、人と生きものとがおりなす景観があり、その中に農業やコミュニティ、その中で培われた文化、教育、その他諸々のつながりが一体となって混在しているのが里山というものであろう。そのようなことをもっと分かりやすく、もっと身近に表現する術をもつことが必要であり、我々の活動はその試みでもある。

トンボ公園づくりからのスタート

さて、私達はトンボやホタルなど、昔から接してきた生きものたちと一緒に暮らし、そうした生きものをとおして季節感を味わったり、子供たちが楽しみを見出してもらいたい、四季に変化する山や田んぼの景観を楽しみたいという、ごく普通の「まち」の人間である。そのためには、田んぼや林を残さねばならないと思う。そんな思いをもってはいるが、農家でもなく土地をもたない、いわば外側の人間に一体何ができるというのだろう。しかし、考えていても事態が改善される訳ではない。手遅れにならないよう行動を起こし、そこから道を拓くしかない。そんな市民が取り組んだ実践例として、私たち自身の活動を紹介する。

舞台は埼玉県の北西部に位置する人口三八、〇〇〇人あまりの寄居町である。町の花がカタクリ、町の鳥がキジであることからわかるように、自然に恵まれた里山の地である（図1）。しかし、東京への通勤圏内ということもあり、三〇～四〇年程前から大規模な宅地開発がはじまり、山を切り崩してニュータウンが誕生した。ゴルフ場も三ヶ所造成され（バブル期にはさらに二ヶ所の造成計画があった)、目下大規模なゴミのリサイクル施設が建設中であり、自動車専用の有料道路も工事中である。かつての静かでのどかな田園風景が一変してしまった。大都市近郊でよく見かける景観である。

寄居町は林業、養蚕、米麦、シイタケなど農業を主体とした地域であったが、桑園の荒廃、休耕田や放棄水田の増加、雑木林の管理放棄など、里山共通の問題点を抱えている。

私たちが活動を始めたのは今から一六年ほど前のことである。当時は、今日ほど里山の価値が認識されていなかったが、会設立三年目に「里山の自然」というシンポジウムを企画したことから明らかなように、はじめから寄居町という里山の自然を保全する狙いがあった(写真8)。

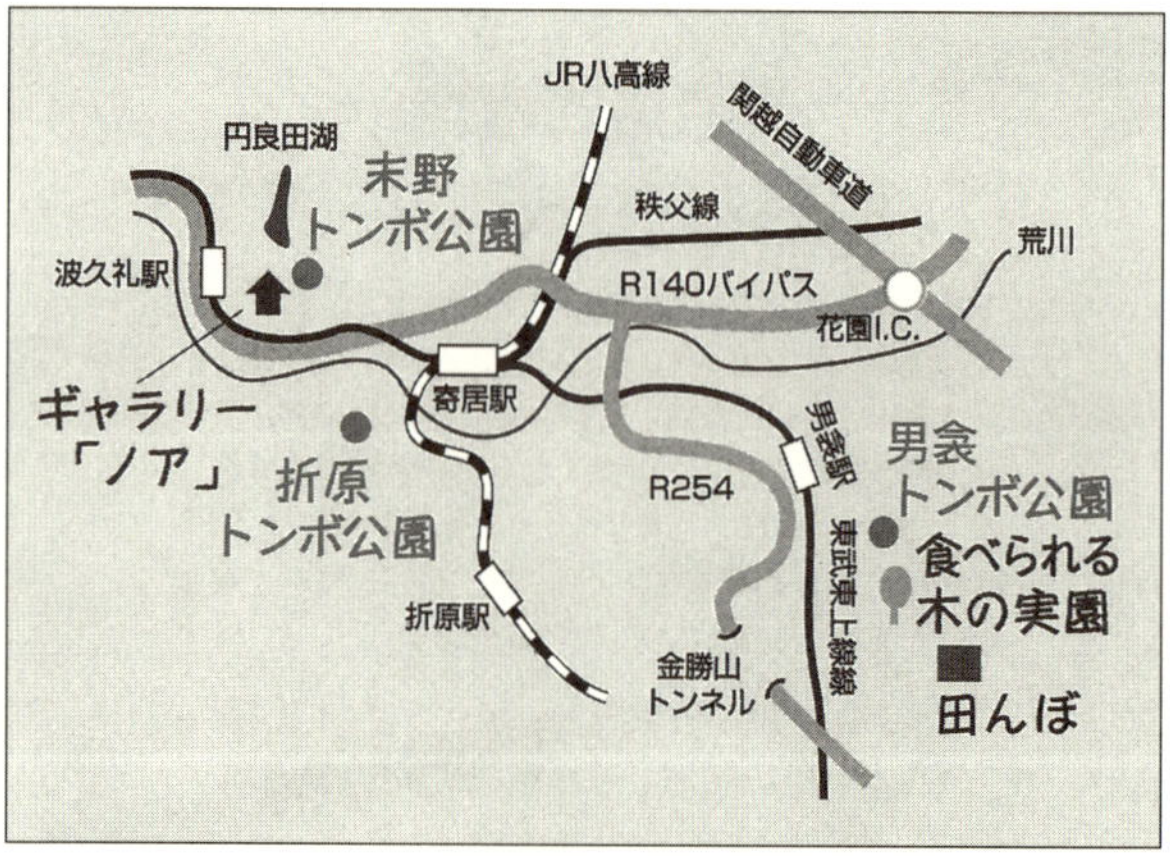

図1　寄居町とトンボ公園の位置

この運動の母体となる「寄居町にトンボ公園を作る会」を立ち上げたのは、ゴルフ場計画が発端となったのである。幸い、その後のバブル崩壊により、ゴルフ場計画は頓挫したが、里山の問題は解決されないまま今日に至り、里山保全を目指した活動は現在も継続されている。

写真8　第3回全国トンボ・市民サミット（1992年）

トンボ公園づくりの意義

トンボ公園づくりの目的はゴルフ場建設を阻止することであったが、はじめから反対運動という形態は取らなかった。ゴルフ場の対案として自然とふれあうためのトンボ公園と位置づけ、町役場にその建設をもちかけた。しかし、色よい返事がもらえなかったため、自分たちの手で公園づくりを始めたというのが発端である。すなわち、自然を壊すリゾート開発ではなく、自然を生かした手づくりリゾートという発想であった。したがって、トンボでなくともホタルでもカブトムシでもよかったのである。

図2　中村市トンボ自然公園

(社)トンボと自然を考える会(中村市)・(財)世界自然保護基金日本委員会(WWF Japan)、パンフレットよりそれではなぜトンボかというと、私自身トンボが好きだったことと、その数年前に友人の杉村光俊氏が高知でトンボサンクチュアリづくりを始め（「中村市トンボ自然公園」（図2）、通称「トンボ王国」）、その運動を広めたいという個人的な事情があった。しかし、それ以上にトンボは、その地の環境の良し悪しを測るシンボル生物として極めて優れているという点があげられる。すなわち、トンボは幼虫期を水中で、成虫期を地上の緑地空間で過ごす生物であり、その生息のためには水域と緑地がセットで必要で、それらの環境を判断する生物として環境指標性に優れている。

さらに、その多くの種類はため池や水田、灌漑用水路など人為的な水辺に生息しており、人と生きものとの共存のシンボル的な存在でもある。また、詩歌や絵画、工芸品の素材や子供達の遊び相手として、トンボは古来から日本人に親しまれている代表的な生きものでもある。そして、トンボと親しんだ体験をもつ多くの市民が、最近トンボがめっきり減ってしまった、という共通認識をもち合わせており、トンボを呼び戻そうという呼びかけは賛同を得やすいと考えた。

当時、寄居町には五〇種あまりのトンボが記録されるほど自然も豊かで、わざわざトンボ池をつくらなければならないような状況ではなかった。トンボ公園をつくって多くのトンボがやってくることで、子供たちがトンボ採りに熱中する光景を地元の人々が見て、寄居の自然の豊かさや自然とふれあう大切さを伝え、自然を壊すのではなく自然を生かすようなリゾートへの提案であった。したがって、最近各地の都会でつくられている「創出型ビオトープ」としてのトンボ池とはその意図が異なっていたのである。

トンボ公園づくりの実際

トンボ公園を作る会では、トンボを呼び戻そう、トンボと遊ぶ公園をつくろうと呼びかけて会員を募った。このコンセプトはわかりやすく、短期間に多くの会員を集めることができた。集まった会員のボランティアによって、荒れた田んぼの草刈りを行ったり、池を掘ったりしてトンボがすめる環境に整備すると共に、木でつくった遊歩道や案内板などの公園として整備したものである（**写真**9、**写真**10）。

このような方法で活動をはじめて、六年間のうちにトンボ公園を町内の五ヶ所につくることに成功した。五ヶ所のトンボ公園は、末野、折原、風布、金尾、男衾の地区につくったもので、いずれも谷津の休耕田を利用したものである。当然のことながらヤゴの放流や餌の投与などは行わず、自然にトンボがすみつくのを待ち、そのあとは草刈などの管理以外は自然に任せるという方法をとった。

次に、具体的な整備方法だが、トンボは種類によって好む環境が異なり、止水に生息する種類でも、湿地を好むもの、浅い池を好むもの、深く大きな池を好むもの、など様々である。いずれのトンボ公園も耕作放棄後久しい水田であったので、借りた当初はアシなどの雑草が生い茂っていた。その時点でもトンボは生息していたが、それはシオヤトンボ、オオシオカラトンボ、ヒメアカネなど湿地を好む種と、オニヤンマ、カワトンボなど灌漑用水路に生息する種など十種あまりであった。

　計画案の作成にあたり、公園であるため安全を最優先しなければならないことや、借用地であることから現況を大きく損ねることができないなどの制約があるため、環

写真９　折原地区（上：1991年）とおぶすま地区（下：1995年）での草刈りの様子

境整備目標は既存の湿地性種や水路生息種、浅くせまい池を好む種の誘致とした。面積は五ヶ所のうち最も広い場所でも七〇アール弱、他は一〇～二〇アールという状態であった。そこで、それぞれの立地環境（表1）に応じて浅い池を掘ったり、草刈りを行って湿地にするのが共通した公園づくりの方法であった。

なお、この一帯は谷津田となっていて、山の斜面から染み出した水が小さな水路と

表1　5ヶ所のトンボ公園の地主別面積

公園名	地主名	面積（m²）
末　野	A	940
	B	471
	C	593
	D	409
	E	36
	F	429
	計	2,879
折　原	G	1,489
男　衾	H	1,000
	I	2,337
	J	525
	K	890
	L	1,038
	M	1,094
	N	993
	計	6,884
金　尾	O	214
	P	564
	Q	336
	計	1,114
風　布	R	1,000
合	計	13,366

写真10　木道や池掘り作業に汗を流す会員たち

なって流れており（耕作時にはその水を灌漑用水として使っていた）、公園化に際してもその水を利用することにした（図３）。また、水路に生息するトンボのために状況に応じ水路を少し広げたり、水路にたまった落ち葉や水路を覆っている植物を取り除く作業も適宜行った。さらに、池にはスイレン、アサザなどの植物を植栽した。本来のビオトープづくりは、スイレンなどの園芸種の植栽や他の地域の水草の移植は慎むべきであるが、トンボの産卵場所や休息場所、ヤゴの隠れ場所とすると同時に、見ても美しい水辺空間を演出する目的もあったために種苗店から購入して植え付けた。それに公園らしさの演出として、木道の敷設と看板や解説板の設置を行った。

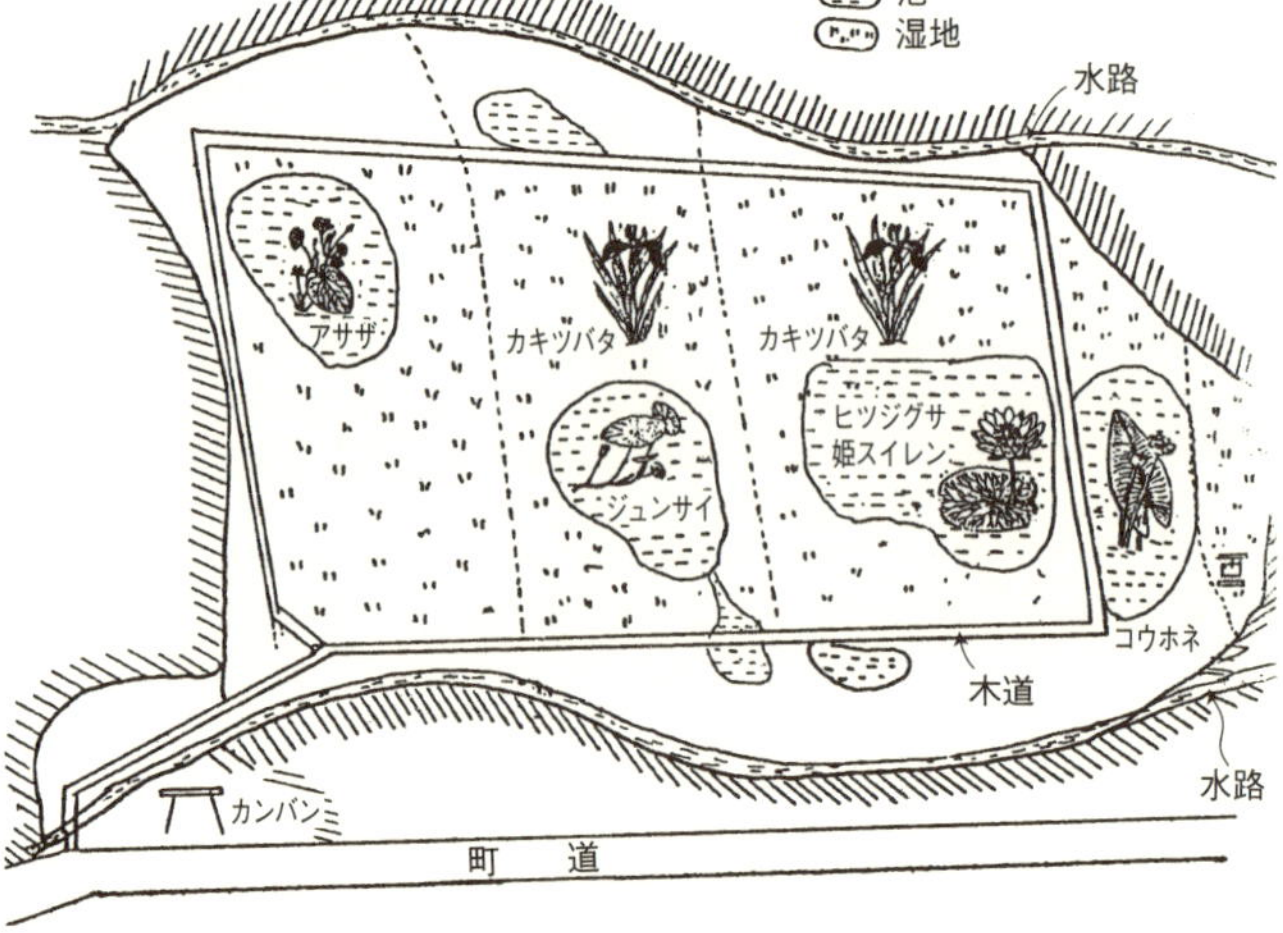

図３　トンボ公園整備計画図

トンボ公園のトンボ保全効果

トンボ公園をつくる前後にトンボの種類数を調査した。その結果は表2に示したとおりで、調査した三ヶ所とも整備後に種類数は大幅に増加した。これらのトンボを見ると、従来から生息していたヒメアカネ、シオヤトンボなどの湿地を好むトンボの他に池沼性のトンボが新たに加わり、池をつくった効果が現れている。また、流水性種も増加しているが、これは水路の整備効果と休息などのため一時的にやってくるトンボがいるためである。

ただし、流水性種はもちろん、池沼性の種でもすべてがトンボ池に定着し世代を繰り返したわけではない。ヤゴや抜け殻の調査によれば大半の種は定着しておらず、成虫がやってくるだけであることがわかった。産卵はしても抜け殻の見つからない種も多く、それは卵からヤゴがかえっても成長できずに死んでしまうことを意味している。あとで述べるが、池をつくるとほどなくしてアメリカザリガニが大発生した。おそらく、ヤゴはザリガニの餌食になったのであろう。また、いずれのトンボ公園も年を経るにしたがって、湿地性のトンボの個体数が減少してきた。これは

表2　トンボの誘致を目的とした休耕田の整備前後のトンボの飛来状況

種　　名	末　野		折　原		男　衾		生息域
	整備前	整備後	整備前	整備後	整備前	整備後	
	1988	1990	1989	1993	1995	1998	
モートンイトトンボ			○	○			止水性
アジアイトトンボ	○	○				○	〃
クロイトトンボ		○				○	〃
オオイトトンボ		○		○		○	〃
キイトトンボ		○		○		○	〃
アオイトトンボ						○	〃
オオアオイトトンボ	○	○			○	○	〃
オツネントンボ						○	〃
ホソミオツネントンボ						○	〃
ヒガシカワトンボ	○	○	○	○			流水性
ハグロトンボ					○	○	〃
コサナエ				○			止水性
ヤマサナエ					○	○	流水性
アオサナエ						○	〃
オナガサナエ				○			〃
オジロサナエ			○				〃
ミヤマサナエ							〃
コオニヤンマ						○	〃
ギンヤンマ		○				○	止水性
ムカシヤンマ		○					〃
クロスジギンヤンマ		○		○		○	〃
サラサヤンマ		○	○	○		○	〃
アオヤンマ				○		○	〃
マルタンヤンマ		○					〃
ヤブヤンマ	○	○					〃
カトリヤンマ	○	○					〃
ミルンヤンマ	○	○				○	流水性
ルリボシヤンマ		○		○			止水性
オオルリボシヤンマ		○	○				〃
オニヤンマ	○	○	○	○	○		〃
コヤマトンボ		○					流水性
オオヤマトンボ		○					〃
シオカラトンボ	○	○	○	○	○	○	止水性
オオシオカラトンボ	○	○	○	○		○	〃
シオヤトンボ		○	○	○	○	○	〃
ショウジョウトンボ		○		○		○	〃
ハラビロトンボ					○	○	〃
ヨツボシトンボ						○	〃
コシアキトンボ						○	〃
アキアカネ	○	○	○	○	○	○	〃
ナツアカネ	○	○	○	○	○	○	〃
マユタテアカネ	○	○	○	○	○	○	〃
ヒメアカネ	○	○	○	○	○	○	〃
ミヤマアカネ	○	○	○	○		○	〃
ノシメトンボ		○	○	○	○	○	〃
ウスバキトンボ	○	○	○	○	○	○	〃
合　　計	15	30	16	22	13	31	

草刈をやっていても次第に乾燥化が進行したり、草刈が追いつけず、草が密生してトンボの産卵に必要な水面が閉ざされてしまうためと思われる（写真11）。

ところで、休耕田での湿地状態の維持は常に安定した水を供給し、草刈によって背の高い草へと移行する植物遷移を抑えることが必要となる。そのためには、大雨やモグラによって畦が決壊したらすぐに修復し、刈り取った草をそのまま放置せず、他の場所に搬出するなどの管理が不可欠である。しかしながら、限られた人力でこのようなこまめな管理を長年にわたって行うのは難しく、乾燥化を阻止できないというのが実情である。特に折原では乾燥化が著しく、池も消失する状況であった。このため、乾燥に強いハラビロトンボが増

写真11　草で被われた水路

加し、開水面をもつ湿地を好むモートンイトトンボが激減した(表3)。

モートンイトトンボは全国的に減少しているトンボで、埼玉県では希少種にランクされている。このトンボは、折原地区につくったトンボ公園整備前の一九九一年以前から多数生息していたのだが、その後次第に減少し、一九九九年と二〇〇〇年には最盛期でも一~二個体しか見られないという状態にまで激減し、絶滅が懸念された。しかし、二〇〇一年冬に新たに三つの浅い池を掘ったところ、その後一~二年で池が湿地状態となり、現在では復活した。また、その池からルリボシヤンマ、マルタンヤンマなどの小さな池を好む種も多数羽化した。このことは、状況の変化に応じて適切な処置を行うことがトンボの生息環境保持に不可欠であることを示すものである。

表3　本州の水田で羽化するトンボ

種　名	生　活　型
アジアイトトンボ	年2世代で幼虫越冬
アオモンイトトンボ*	〃
モートンイトトンボ**	年1世代で幼虫越冬
オオイトトンボ	年2世代で幼虫越冬
キイトトンボ*	年1世代で幼虫越冬
ホソミオツネントンボ*	年1世代で成虫越冬
オツネントンボ	年1世代で成虫越冬
オオアオイトトンボ	年1世代で卵越冬
ギンヤンマ	年2世代で幼虫越冬
カトリヤンマ	年1世代で幼虫越冬
シオカラトンボ	年2世代で幼虫越冬
オオシオカラトンボ	年1世代で幼虫越冬
シオヤトンボ	年1世代で幼虫越冬
ショウジョウトンボ	年2世代で幼虫越冬
ウスバキトンボ	年数世代で越冬不可
ハラビロトンボ	年1世代で幼虫越冬
アキアカネ	年1世代で卵越冬
ナツアカネ	〃
ミヤマアカネ	〃
マユタテアカネ	〃
ヒメアカネ	〃
マイコアカネ***	〃
コノシメトンボ*	〃
ノシメトンボ	〃

*:筆者は水田での羽化を確認していないが、羽化可能。
**:滝沢郁雄氏のご教示による。
***:横井直人氏のご教示による。

トンボ公園の他の生物の生息状況

トンボ公園はトンボを指標生物として環境整備を行っているが、このことはトンボと共存する他の生物の生息場所をも提供しようとするものである（表4）。すなわち、ホタル、カエル、サンショウウオ、イモリ、ドジョウといった生きものである。

折原と末野のトンボ公園では、整備前と整備後数年間は多数のアカガエル類やホタルが見られ、毎年ホタル鑑賞会を開催していた。ところがその後激減してしまい、現在ではホタル鑑賞会は中止している。手入れが行き届かないとはいえ、ホタルやカエルの産卵場所となる水辺は維持しているのに、なぜ激減してしまったのか不思議である。一つ思い当たる原因は、周辺の環境が悪化してしまったことである。トンボ公園をつくり始めたころは、周辺は耕作していた水田であった。しかし、現在ではトンボ公園周辺は埋め立てられたり、廃田となって乾燥したヤブと化している。

おそらく、たかだか二〇〜三〇アールのせまいトンボ公園をいくら良好に維持・管理したとし

表4　3ヶ所のトンボ公園でのキリギリス・バッタ類の生息比較（内田、1994）

種　　名	生 息 環 境	末野	折原	風布
アシグロツユムシ	林縁	○		
セスジツユムシ	庭の植え込みや林縁	○		
エゾツユムシ	林縁		○	○
サトクダマキモドキ	林の樹上	○		
ヒメクサキリ	谷津の草むら	○		
クサキリ	草むら	○		
コバネクサキリ	湿地	○		
ササキリ	林縁のササ群落	○		
ミドリササキリモドキ	林の樹上	○		
コバネヒメギス	深い草むら	○	○	○
ヒメギス	湿った草むら	○	○	○
ヤブキリ	樹上	○	○	○
ハネナシコロギス	樹上		○	
ハヤシウマ	林床			○
ツヅレサセコオロギ	草むらや畑			○
モリオカメコオロギ	林縁の地表			○
ヒメコオロギ	やや湿った草むら			○
エンマコオロギ	草むらや畑	○		○
エンマコオロギ	山地型草むらや畑			○
クサヒバリ	林縁や植え込みの樹上	○		
キンヒバリ	湿地のヨシ群落	○	○	
ヤマトヒバリ	林縁	○		○
アオマツムシ	樹上	○		
オンブバッタ	草むらや畑	○		○
コバネイナゴ	田んぼや湿地	○		
アオフキバッタ	山地の林縁	○		
ヤマトヒキバッタ	山地の林縁	○		
ショウリョウバッタ	明るい草むら	○		
ナキイナゴ	ススキ群落など		○	
トゲヒシバッタ	湿地	○		
ハネナガヒシバッタ	やや湿った地表			○
ハラヒシバッタ	草むらや畑	○		○
ヤセヒシバッタ	林縁の明るい地表	○		
合　　計		23	7	15

てもダメで、周辺の環境も大事な要素なのだろう。生きものたちは、多様な生息環境の中で巧みにバランスをとりながらすみ分けしているので、少しでもそのバランスが崩れると、たちまちいなくなってしまうことを物語っている（図4）。

一方、末野トンボ公園では整備後、アメリカザリガニが爆発的に発生した。そのため、その駆除をかねてザリガニ釣り大会を数年間実施し、子供一人でバケツ一杯釣るほどであった（写真12）。しかし、それでもザリガニは減ることなくあきらめていたところ、最近はかなり少なくなってきた。その逆に、ウシガエルが増えてきたようである。また、ドジョウが増えた池もある。このように、生物間の競合、

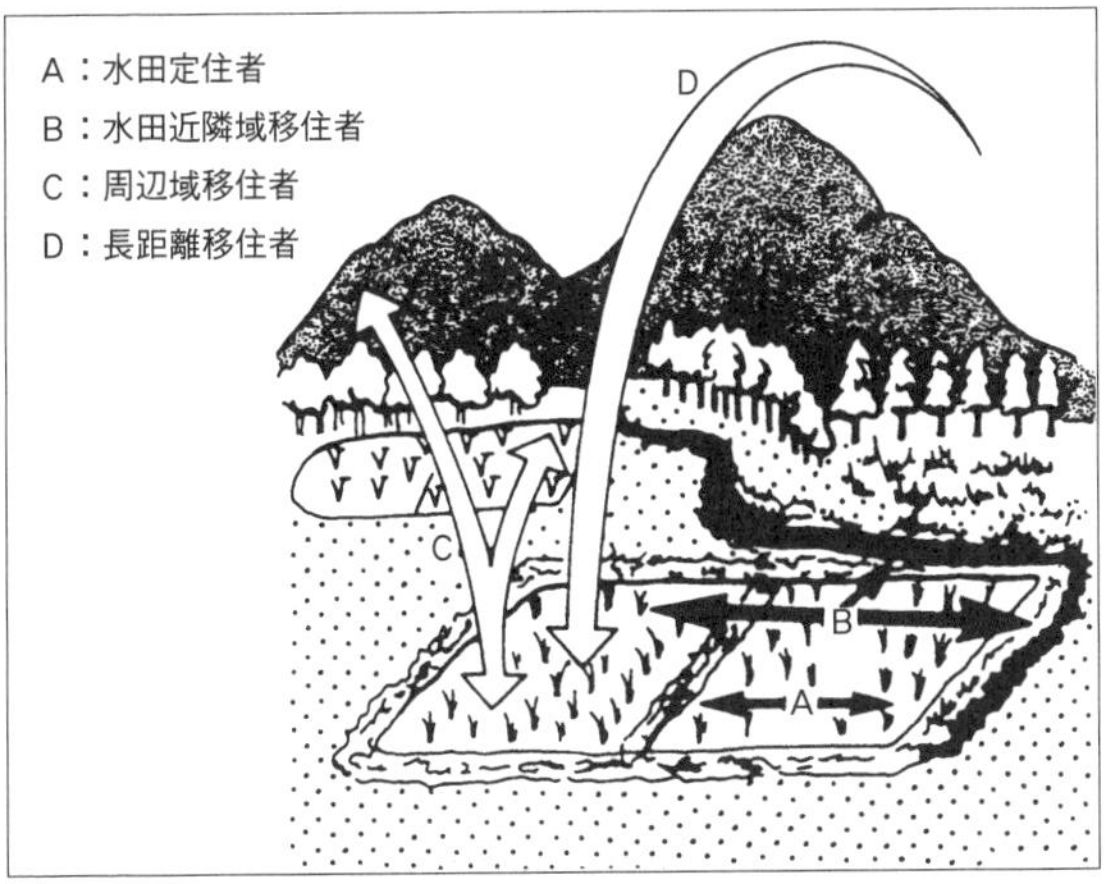

図4　日本の稲作水田における生物種のコロナイゼーションの類型
（日鷹、1990）

環境変化などが複雑に絡み合い、勢いを増す生物がある一方で、衰退する生きものがいるというように、小さなトンボ公園でさえも生物相は変化しているようである。

いずれにしろ、現在でも少ないながらイモリやサンショウウオなど、絶滅が危惧されている生物がトンボ公園に生息している。もし、休耕田のまま放置されていたなら、これらの生物はすでに消滅していたことだろう。問題点はあるものの、トンボ公園は生物多様性保全機能を有していると評価できよう。

写真12　末野トンボ公園でのザニガリ釣りの様子

トンボ公園づくりの評価と限界

手前味噌になってしまうかもしれないが、当会の活動として評価すべき点が三つあると考えている。その一つは、トンボ公園用地の取得から整備、管理まで、市民が行うという従来になかった自然保護運動の先駆けになったということである。これまでの自然保護運動は署名を集めたり、陳情したり、座り込みをしたりといった要請・依存的、闘争的なものが一般的であったが、当会の活動は、自立的、対案的な運動を主として行ってきた。

二番目は、利用することが保全につながるという、里山保全の方向性を早期の段階から見出したという点で、さらにトンボ公園は耕作放棄農地の活用方法を示したものである。このことは同時に、農地の所有と目的を明文化した農地法に抵触するという側面ももっていた。今日、農地を株式会社やNPO法人が取得できる道が議論されているが、耕作しない農地をどうするか、市民と地権者間の問題に一歩を踏み込んだことも注目してよいだろう。

三番目は、とてもわかりやすい自然保護運動であった点である。しかし、このことは、その後の発展を停滞する原因にもなったと考えており、後に詳しく述べることとする。

ビオトープづくりの疑問

当会が休耕田を利用したトンボ公園づくりに着手してから一六年を迎えた。この間、各地に同様の水辺ビオトープづくりが盛んとなって、トンボ池づくりは一種のブームの感を呈している。こうしたブームは好ましいことではあるが、手放しで喜んでよいものやら疑問も浮かぶ。今後、農水省、環境省など自然再生事業として国家レベルで取り組むものと思われ、益々多様な場所で多様な主体により水辺ビオトープづくりが盛んになるであろう。ちょっと横道にそれてしまうが、トンボ池づくりにかかわってきた一人として、トンボ池などの水辺ビオトープについての問題点について述べておきたい。

問題点としては以下に列記した七項目があげられる。

①他地域のトンボがもち込まれるおそれがある（故意でなくとも、水草や土壌（荒木田）等を介して本来分布しない種がもち込まれるおそれがある）。

②トンボの保護は簡単だと思われるおそれがある（トンボ池をつくると、容易に定着する

種とそうでない種とがあるが、それらを混同してトンボ池をつくればトンボは保護できると考えられがちである)。

③既存の生息環境を改変する結果、湿地種など本来の種が生息場所を失うおそれがある(トンボ池を必要としない場所にまでトンボ池をつくり、かえってトンボの生息環境を損ねてしまう)。

④池のみの環境だけでなく、その周辺の環境保全にも注視する必要があり、管理不足で悪化すると種の多様性が低下する。

⑤普通種の増加により、希少種との競合が激化する可能性がある。

⑥アメリカザリガニやウシガエルなど、かえって生物多様性を減ずる要因となる外来種の生息場所を提供してしまう。

⑦トンボ池が開発の免罪符として使われるおそれがある。

また、ビオトープ本来の趣旨から逸脱し、何でもありの感がある。本来、ビオトープ(この言葉は生態学用語で、定義と解釈は研究者により差があり、かなり難解な概念である。しかし、一般には野生生物の生息空間と説明されている)とは、その地域の生物の生息場所を保全、再生、創出するためのものである。しかし、トンボ池を含め、水辺ビオトープが様々な主体と場所で行われるにつれ、昆虫や魚種だけでなく水草の移入など、本来その地にない生物までもがもち込まれている。

前項ではそれを問題点としたが、小・中学校での環境学習の場という視点に限ってみたらどうだろうか。それも、都会の子供たちは本物を見たことほとんどなく、なかでもホタルやメダカは子供の関心を引き起こしやすい。その場合でも、他の地域から取り寄せることはやむを得ないのだろうか。それには二通りの意見がある。やはり、たとえ環境学習であっても否で、野生生物の人為的な移植に例外はないという考えである。

そもそも、都会の真ん中に池をつくってもホタルやメダカがすみつくようになるとは思えないし、あくまでも校庭にチューリップを植えるのと同じである。たとえ一時的に生息したようにみえても、あくまでも人工的な環境の中でのことであり、勘違いしてあちこちに増やそうとしてはいけない。その池で観察するだけである。たとえば、ホタルの生息環境を呼び戻そうとするなら、ホタルがすみ着けるような場所で自然に定着するのを気長に待つべきで、他地域からの移入は厳禁である。

もう一つの考えは、他地域からの移植を容認するという立場である。ホタルもメダカもすめない都会にそれらを放流したところで、それが原因で生態系を乱す恐れはないだろう。子供たちにとって、自分たちがつくったビオトープでホタルやメダカが見られるのは大きな喜びである。とくにホタルの神秘的な光は子供達に驚きと感動をもたらすに違いない。しかし、やがて子供たちはそのようなビオトープにホタルを放すことは、ホタルにとって可愛そうな行為であることに気づくだろう。大人が言葉で教えるのではなく、子供自身が感じ、納得することが大切である。体験をとおして伝え、体験から子供たちが学ぶことが環境教育であり、そのためには移植も認めるべきである。

皆さんはどちらの立場を支持するだろうか。私はケースバイケースだと思う。移植した生物が繁殖し、その地域の生態系を攪乱する恐れがある場合には厳に慎むべきである。しかし、その恐れがない都会地の場合には容認されても良いと思う。

ところで、当会では寄居町にトンボ池をつくったのだが、その目的はトンボ池を通して自然の豊かさを町民に知らせることと、休耕田を活かすということが目的であった。トンボの生息場所が町内のあちこちにあるのに、トンボ池をつくるのはナンセンスである。ビオトープづくりは目的を明確にすることが大切である。

また、ビオトープづくりは出発点であり、目標点ではないということも指摘しておきたい。自分たちがつくった小さなビオトープを出発点に、地域の自然環境や生きものの暮らしに目を向け、生き物との共生に向けたアクションへと到達することが大切だと考える。単なるビオトープづくりに留まることなく、そこから次へ展開することこそが重要なのである。

環境学習が目的であれ、企業イメージのアップであれ、ビオトープというのは生物の生息場所に絡むものである。自分たちのつくるビオトープが生きものにとってどのような影響を与えるのか、どのように役立つのか、という点を配慮する必要がある。

今後、ビオトープが公共施設や公共事業の代償としてつくられると、生物の生息場所の保全という側面と同時に、人々の利用という測面ももつことが求められよう。このためには、サンクチャリーとして人の立ち入りを禁ずるゾーンと、利用を主体にするふれ合いゾーンを設けるなどが必要となる。また、個々のビオトープとつなげることも大切で、地域としてのビオトープの全体計画を立て、個々のビオトープが全体計画のどのような位置にあるのかを明確にすることが必要であろう。

なお、ビオトープがつくられた後は放っておき自然に任せるべきという意見と、草刈りなど管理が必要だとする意見とに分かれている。私は、寄居でのトンボ池の経験から、管理が不可欠だとの意見を主張している。しかし、これは保全の対象をどこにおくか、何を保全目標におくかによっても異なると考えている。また、管理方法も保全目標によって異なるだろう。たとえば、トンボの保全を目標にする場合には草刈りが必要であっても、水鳥を目標にする場合には草刈りはしない方がよいかもしれない。また、トンボを目標にしたとしても、多様な種類を保全目標にするのか、ベッコウトンボのように、特定の稀少種を目標にするのかによっても管理形態は異なるはずである。

以上述べたようにトンボ池には様々な問題を含んでいる。この問題に対するとらえ方、考え方も人により異なるであろう。しかし、あくまでも野生生物を対象にするのであれば、注目されている今だからこそ問題を整理し、冷静に議論する時ではないだろうか。ビオトープがブームとなり、理念や目的が不明確なまま各地で安易にビオトープがつくられることは、生物多様性保全にとってマイナスとなるであろう。

活動の誤算

トンボ公園づくりに加え、その後はトンボのミニ博物館を開設したり、キャンプ場づくりなど活動を拡大していった（表5、写真13、写真14）。これはトンボ公園を核として、周辺の自然を生かした手づくりリゾート、いわば自然と共生した地域づくりという本来の目的を達成するためのステップとして必然的な展開であった。それはまた、トンボ公園の数を増やしたり、活動領域を拡大することにより、より多くの人々が主体的に活動に参加し、自然環境の保全への輪が広がると考えたからである。

ところが、その思惑に反し、拡大路線は裏目に出て

写真13　エコキャンプ場

表5　寄居町にトンボ公園を作る会の歩み

年	月	活　動　内　容
1989	3	有志により寄居町にトンボ公園を作る会を設立
〃	7	末野地区にトンボ公園を整備
1991	3	里山シンポジウムを開催
1992	5	折原地区にトンボ公園作を整備
〃	4	寄居町で第3回全国トンボサミットを開催
〃	7	風布地区にトンボ公園を整備
1993	4	金尾地区にトンボ公園作を整備
1995	6	道路拡幅工事のため風布トンボ公園を立ち退く（県の公園となる）
〃	5	男衾地区にトンボ公園を整備
〃	6	助成財団による「青少年ボランティア育成事業」を受託
1996	7	旧公会堂を借用して「寄居トンボ自然館」を開館
〃	8	助成財団の支援により英国のNPO活動を視察
1997	5	男衾地区にエコキャンプ場を整備
1998	10	男衾地区にふれ合い農園を整備
2000	4	小学校4年の国語の教科書で当会の活動が紹介
〃	4	「NPO法人むさしの里山研究会」を設立して活動を分担
〃	7	男衾小学校が総合的な学習として男衾のトンボ公園の利用を開始
2003	6	設立15周年イベントとして「オユンナエコチャリティコンサート」を開催

写真14　トンボ自然館オープン（1996年）

しまった。トンボ公園を増やせば、それだけ草刈りなどの維持・管理作業の担い手が必要となる。ところが、作業などのボランティアでの参加者は年を追って減少する傾向にあり、草がぼうぼうに茂ったトンボ公園になってしまったのだ。他にも誤算がある。役員も世代交代が進まず、ボランティアであるべきなのに、役員が作業のたびにかり出されことになった。それにともない、イベントを行うことが自体が負担となってきた。その上、会費の滞納者が増加し、事務量や会報発送などの経費が増えるのに収入はむしろ減る傾向になってきた。

さらに、設立当初の意図とは異なった誤解も生じてしまった。たとえば、トンボ公園づくりはたくさんのトンボを呼ぶこと、つまりトンボの動物園をつくることだと思われてしまったり、トンボ公園ができたなのだから、目的は達成したのだと解釈されてしまった。私たちにとって、トンボは里山のシンボル生物に過ぎないのである。トンボを守ることが、他の生物を守ることにつながる。トンボ公園づくりをとおして、生きものとの共存の必要性を訴えたかったのである。ところが、トンボを公園をつくってトンボを呼び戻そうという活動は、多くの市民を巻き込むことができた反面、矮小化されてしまったのである。このことは、ビオトープづくりの活動にも共通している点である。

また、トンボ公園をつくれば子供達がトンボ採りをしたりして遊ぶと思っていたのに、トンボ公園で遊ぶ子供達は予想外に少なかったのである。子供はトンボが好きに違いない、子供達にとって生きものとふれあうことは楽しいに決まっている、という私たちの思いこみは大きな誤算であった。

会員の意識調査

こうした諸問題を前に、今後の会運営を検討するため、設立九年目の一九九八年に全会員を対象にアンケート調査を行った。今から七年ほど前のことで、当時はまだ市民活動が盛んでなかった時期ではあるので現在とは意識が異なるかもしれないが、興味深い結果を得たので紹介する。

なお、アンケートの発送数は五八七通で、回収数は一八五通（三一・五％）であった。

性　別　男＝一一八名　女＝六一名　無回答＝五　合計＝一八五名

年　齢　一〇歳代＝一名（〇・五％）　二〇歳代＝三名（一・六％）
三〇歳代＝二七名（一四・六％）　四〇歳代＝五六名（三〇・三％）
五〇歳代＝四九名（二六・五％）　六〇歳代＝三〇名　（一六・二％）
七〇歳以上＝一八名（九・七％）

職　業　会社員・団体職員（公務員を含む）＝六二名（三三・五％）

自営業（農林業を除く）＝三七名（二〇・〇%）
主婦＝二三名（一二・四%）
会社役員・団体役員＝二一名（一一・四%）
無職＝二一名（一一・四%）
農林業＝四名（二・二%）
その他＝一四名（七・六%）
無回答＝三名（一・六%）

居住地

寄居町＝六四名（三三・五%）
隣接町村＝六名（三・二%）
隣接町村以外＝一一五名（六二・二%）
無回答＝〇（〇・〇%）

会員歴

五年以上＝一〇〇名
三年以上五年未満＝四九名

一年以上三年未満＝二五名
一年未満＝五名
無回答＝六名

入会のきっかけ

友人・知人に紹介されて＝一二〇名
本や雑誌を読んで＝一四名
トンボ公園のイベントに参加して＝七名
役場などの広報記事を読んで＝五名
テレビを見て＝一名
ラジオを聞いて＝〇名
その他＝三五名
無回答＝二名

入会の動機

会員として後方から支援するため＝一一〇名
トンボ公園づくりに直接関わりたいから＝一五名

友人・知人の紹介で断れなかったから＝一五名
何となく＝九名
その他＝二八名
無回答＝八名

作業への参加回数

参加したことがない＝一六二名
年一～二回参加＝六名
年三～四回参加＝三名
年五回以上参加＝四名
ほぼ毎月参加＝六名
無回答＝四名

参加できない理由（複数回答可）

トンボ公園が遠いので＝四七名
賛助会員のつもりなので＝三九名
他の用事とぶつかるので＝三二名

交通が不便なので＝一五名
参加しにくい雰囲気があるので＝一三名
作業が朝早く行われるので＝八名
その他＝四四名

作業参加者を増やすための方法（複数回答可）
町内の学校・団体など環境学習の場として利用するようにする＝六四名
作業日に合わせてトンボ観察会などを行う＝三九名
トンボ公園にトイレを整備する＝三七名
会報で公園の近況や作業内容をもっと詳しく紹介する＝三三名
もっと他の市民団体との交流を行う＝三一名
観光的な公園の雰囲気にする＝二七名
トンボ公園まで乗り合い車を出す＝二六名
作業後に参加者と一緒に昼食をする＝二四名
作業を午後からにする＝一五名
その他＝一〇〇名

イベントへの参加回数

参加したことがない＝一三〇名
たまに参加している＝二五名
だいたい参加している＝一五名
無回答＝一二名

会報の読まれ方

毎号よく読む＝九四名
時々読む＝五八名
ほとんど読まない＝四名
無回答＝二九名

アンケート結果から思うこと

会員の七割近くが男性であるということは、トンボが男性好みの生物であることを物語っていのかもしれない。また、会員の年齢層をみると四〇歳代を中心とした中高年層に偏り、若い世代の会員はごく僅かである。これは当会に限らず、自然保護団体に共通する傾向であろう。入会の動機や会員の居住地から類推すると、おつき合いや後方支援的な意味で会員となっている人が大半を占めていることがわかる。このことが、作業参加者の少ない原因と考えられ、後年トイレを整備し、作業後食事をしたり、送迎用の車を出したりしたが、それでも参加者の増加には結びつかなかった。

前記の設問意外に自由な意見も記述してもらったのだが、それを読むと十人十色である。たとえば、会報はワラ半紙のような粗雑な紙を使っていたのだが、質素で好感がもてるという人もあれば、もっと良い紙をつかうべきという人もいた。会報の内容も、連絡ばかりで面白くないという声がある一方で、連絡が多いのは活動の様子がよくわかってよいという意見もあった。

ようするに、そもそも誰もが満足する会の運営などはないのだろう。こちらを立てればあちらが立たず、ということになる。我々は、こう思い、こういうコンセプトで活動するんだということを明確に表明し、それにもとづいて運営していくしかないのだろう。

トンボ公園づくりからの教訓

「トンボ公園を作る会」の名称はとてもわかりやすいのであるが、それが前述のように誤解を生む原因にもなった。あくまでもトンボは自然の代名詞として使っているのだが、ホタルやチョウ，野鳥は関係ないと思われがちである。トンボ公園を作る会という名称が、トンボがすむ公園をつくることを目的とする団体と誤解されてしまったのだ。このことは、トンボ公園をつくること、さらにトンボを守るということが、寄居の自然を守ることとどのように結びついているかという点をうまく伝えられなかったためである。

ところで、ある助成財団から当会に対し、青少年のボランティアリーダー養成事業に協力してほしいとの依頼があった。トンボ公園での作業の参加を通して、次代を担う若者たちの中からボランティアリーダーを養成しようとの意図であった。世代交代がうまくいかない我々にとってもこのことは大きな課題であり、早速協力を承諾した。財団が公募して集まった若者は、環境系の専門学校に通っている学生を中心に五〇名前後であった（**写真15**）。

ところが、毎月一回行っている我々の作業の日に一緒に草刈りをするのが主であったが、次第に参加者が減っていった。この事業は三年間実施したのだが、最後は一人も残らないという惨憺たる結果に終わった。その間、毎年度末に参加した青年の意見を聞く反省会を行ったところ、彼らにとって単に作業するだけで充実感が得られなかったという声が多かった。確かに、なんのために草刈りをするのかという説明が不十分であったし、作業後の交流も少なかった。また、我々自身若者を育てるという意識が低く、単に作業労働としてしか見ていなかった面もあった。しかも、草刈りを行ったからといってすぐにトンボが増える訳でもなく、自然相手ではなおさらで、期待通りの結果になるとも限らない。人間相手のボランティアで

写真15　ボランティアリーダー養成に参加した研修生たち

あれば、すぐに感謝の気持ちが伝わるのであるが、トンボにはそれが通じず充実感がないのも確かである。加えて、彼らの中には環境系の仕事にありつけるのではとの期待感もあったのではなかろうか。ただ作業をして充実感もなく疲れて帰るだけでは、若者が去っていくのは当たり前であった。

ボランティア組織の難しさ

会の設立以来、運営に関わるスタッフとして幹事を公募し、毎月一回幹事会を開いて運営方法等の細部を調整しながら進めてきた。幹事は公募性とはいっても、名乗りをあげる人はなく、創立時の会員や活動意欲の高い会員を誘って集まった人たちである。このため、年により幹事数は一〇~二〇名と増減があった。

幹事それぞれ自然保全への想いには個人差があり、時として意見の食い違いも生じる。ボランティアというのは、本人の自発的な意思により行われるものであるから、納得しなければ辞めてしまうし、強制されたり楽しくなければ続かない。実際に、意見の食い違いや誤解などから離脱してしまう幹事もあった。幹事への強制力や拘束力は何もないのだが、トンボ公園という公共性的な場を提供する以上、ボランティアだからといって許されない事態も生ずる。ボランティア団体として、個人の意思を尊重しつつ、公共的な責務を負うというのは容易なことではないと実感した。

私自身、また、一緒に活動している仲間をみて感じることは、ボランティアはやりたいからやっているんだ、ということである。それは自分の健康管理のためであったり、暇つぶしであったり、居場所であったり、使命感であったりと人様々であろう。その行動が公益的なものになるというのは、結果に過ぎないような気がする。

ややもすると、ボランティアを行う人の中には「いいことをしてやっている」という意識が潜在的に働くようである。さらに、ボランティアゆえに責任を回避する傾向も見受けられる。もちろんボランティアは強制されるものではないが、だからといって無責任でよいわけでもない。その辺の意識はボランティアを行う当事者の判断に委ねられている。責任感のある人と、そうでない人とでは自ずと対応が異なり、それについてとやかく言えなところに、ボランティア活動の難しさがある。

最近は、リタイヤした高齢者の中に何か社会貢献したい、実際の活動に参加したいとの声が高まってきた。この要求をうまく汲み取り、それぞれのスタンスで貢献できる場を提供すること、その人たちのパワーを活かすことが今後の市民団体に課せられていよう。

しかしある面、こうした社会での実績をもつ人々は社会的な地位を引きずっており、プライドが足かせになって仲間割れを起こしがちである。ボランティア団体は様々な人が長期にわたって楽しく活動に参加できる場にしなければならない。そのためには、ボランティアの力を上手に導き出す有能なコーディネーターの存在が不可欠なのだが、全てをボランティアに委ねるのは無理な面がある。ボランティアを継続するためにはボランティアでない人々の担い手が必要である。

深刻な子供たちの自然離れ

先に、トンボは日本人に親しまれてきた昆虫だと述べた。しかし、それはある程度の年配以降の世代であって、若い大人や子供たちの大半はあまりトンボに関心がないようだ。関心がないばかりか、トンボを気持ち悪がったり、怖がったりする子供や大人が少なからずいる。私はトンボの目玉は宝石以上に美しいと感じるのだが、トンボがきらいな子供たちに聞いてみると、グロテスクで気持ち悪いという。トンボの変幻自在でダイナミックな飛行も、どこに飛んでくるか分からず、おっかないそうである。

このギャップはいつの頃から生じたのであろうか。

私たちの子供の頃（昭和三〇年代）には、夏休みの自由研究といえば昆虫標本づくりが定番だった。そのため、夏休みになるとデパートでは注射器と薬品、虫ピンなどが入った昆虫採集セットが販売されていたし、宿題用の昆虫標本まで売られていたほどである。大半の子供たちはデパートで標本を買うのは恥ずかしいと考えていて、自分で虫を捕まえては標本づくりに精を出したものである。虫に注射器を刺す時の制圧感と罪悪感が入り交じった気持ちを覚えている方もいるのではないだろうか。

しかし、昭和四〇年代の公害問題や、その後の自然保護運動が台頭のする中で、昆虫を採集するのは自然破壊につながる、命あるものを殺すのは残酷な行為である、殺すのではなく観察しようという主張が大きくなった。それにともない、昆虫採集は教育上好ましくないという考え方が学校現場でも広まり、昆虫標本づくりは排斥されていった。

確かに、生きものを観察することによって多くの不思議さを発見できるし、観察は楽しいものである。しかし、幼児や小学校低学年の子供に対しては観察の楽しさを実感させるのは至難の業である。それよりも、捕まえる楽しさや直接ふれる行為を通してでなければ感じられないこともあるだろう。観察はそのような直接体験を経た次のステップとして導入すべきだと考える。怖い、気持ちが悪いと思っていたものでも、触ることによってその気持ちを征服できるし、親近感も湧くというものである。遠くから眺めていただけでは、生きものとの距離は埋まらない。初対面の人間同士が握手する行為と同様である。

トンボ公園づくりで生きものとふれあう場を提供しただけでは、子供たちは生きものとふれることはできないことを学んだ。ふれるためのきっかけも提供しなければいけないのだ。そのためにトンボ公園づくりと平行して、ザリガニ釣り大会やホタル鑑賞会、トンボ観察会などを行い（写真16）、捕まえて手にふれさせる場を提供することにした。ホタルをそっとつかみ、自分の手の中で光るのを見た時、ホタルがとてもいとおしく感じられるだろう。

さらに、イベント的な観察会では不十分と考え、調査隊と称して親子の隊員を募り、春から秋まで毎月一回寄居町内のあちこちを巡り昆虫採集を行ったことがある。これは参加者は少なかったものの評判はよく継続を要望されが、毎月一回とはいえボランティアスタッフの負担が大きく一年で終わってしまった。しかし、このような長期的な生きもの体験の場を提供することはとても重要なことで、今後は職業としての自然案内人（インタープリター）が必要とされる時代がくるだろう。

写真16　トンボ観察会に参加した子供たち

ところで、せっかくトンボ公園にきていながら生きものたちと遊ばない子供たちが多いのは、子供の生きもの離れのほかに公園に対するイメージにも原因があるようだ。トンボ公園では園内の生きものの採集や立ち入りの制限をしていないのだが、木道を歩くだけで池に近づくことのない来園者がほとんどである。最近の公園は魚採りを禁じたり、むやみに池に近づいたり、園路以外の立ち入りを禁じているところが大半である。このため、トンボ公園も同じだと思われてしまったようである。

次のステップへ向けた活動

トンボ公園づくり、言い換えればビオトープづくりというのは、特定の生物を指標とした生息場所の創出という面で効果をもつものである。トンボ公園はトンボを指標として生物保全を目指し、それなりの効果が得られたのだが限界も見えてきた。小さなビオトープをつくっても保全できる生物は限られてしまうし、その管理や活用についても問題点が明らかとなってきた。つまり、多様な生物を保全するために大切なことは、水田や雑木林などの生息環境（広義のビオトープ）全体を開発から守り、加えて荒れた田や林を再生して多様な環境をモザイク状に配置するということである（図5）。

そもそも、我々がなぜトンボ公園づくりを始めたかは、最初に述べたように林や田んぼがゴルフ場になってしまうという話を聞いたのが発端である。なぜ田んぼや林をゴルフ場にする計画がもち上がるかというと、地権者や耕作者が田んぼや林を所有し続けられなくなったことが原因であろう。田んぼや林を維持することに希望がもてなければ、再び開発話がもち上がるに違いない。

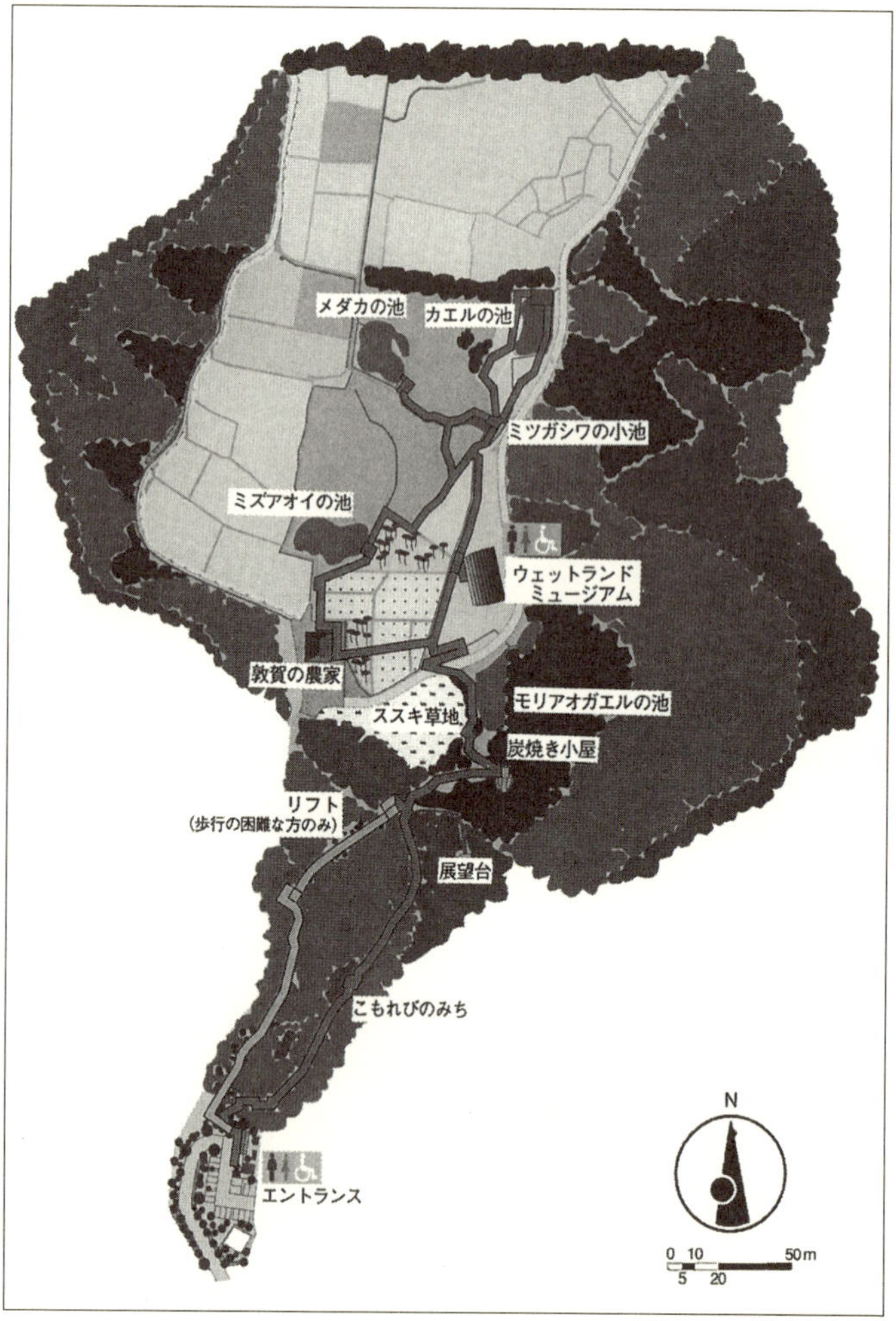

図５　里山の保全・管理上で重要なゾーニングの例
（福井県敦賀市の中池見・人と自然のふれあいの里）
（藤井、2000）

そこで、収益性の小さな田んぼをどのようにして耕作し続けるのか、収益にならない雑木林の手入れを誰が行うのか、という根本的な問題点の解決が不可欠である。このことは、金銭では計れない価値をいかに評価するのか、人と生きものとの関係をどのように修復するのかという問題とも関連しているのである。これらの課題に立ち向かうためには、片手間のボランティアの手に負えるものではない。

私は、このような本質的な問題を少しでも解消するには、トンボ公園を作る会をNPO法人化し、専従者をおくべきだと提案した。そして、この提案について議論するため一九九六年にプロジェクトチームを発足させ、先進地視察などで情報を集め、法人化の是非について三年間に渡って検討を重ねた。その結果、法人化や専従者の必要性を認めるものの、専従者の給与の手当がつかない以上無理であり、市民団体としてそこまでやる必要はないなどの意見が大勢を占め、法人化は見送られた。

しかし、それでも私の想いは断ちがたく、二〇〇〇年に定年を九年残して退職し、NPO法人むさしの里山研究会（以下研究会とする）を立ち上げてその専従となった。そして、トンボ公園を作る会ではこれまでの活動を縮小し、トンボ公園の維持とトンボ自然館の運営に絞ることとした。その一方で、トンボ公園を作る会で行ってきた諸活動を引き継ぐと共に、田んぼづくりのなどの活動をさらに拡大することとした。つまり、ボランティアで楽しく無理なく行う任意団体による活動と、責任を明確にした法人団体の二人三脚での再スタートとなったのである。

もちろん、もともとちっぽけな組織をＮＰＯ法人にしたからといって、どうなるものでもないだろう。しかし、自然を守る活動に専念する人間が絶対に必要であること、すなわち、自然保護で飯が食えるような社会にしなければ自然は守れないと確信したのである。そんな社会が訪れるのは何十年も先かもしれないが、何もしなければ何十年経っても自然は守れないだろうし、手遅れになるに違いない。

それでは一体何をすればよいのか。よく考えてから行動に移すべきなのかもしれないが、やりながら考えることにして、とりあえず田んぼづくりなど、トンボ公園を作る会で行ってきた活動を継続し、加えて畑づくり、荒れた雑木林を借りてその再生に取り組むことにした。しかし、数年間続けてはみたものの、道筋がみえてこなかった。そこで、今後ＮＰＯとして何をなすべきか、それらの答えを求めて改めて寄居の田んぼや林を見て回ることにした。

寄居町の里山の現状

私が寄居町へ越してきた一九八三（昭和五八）年当時は養蚕が盛んで、山の斜面には桑畑がたくさん見られた。川沿いや谷底、平坦な場所には水田がつくられ、川から離れた地域の田には、灌漑用水を確保するためのため池がつくられていた。町の周囲を小高い山々が囲み、エドヒガンが満開となるとカタクリが見ごろを迎え、その頃から山の木はいっせいに芽吹き始め、日ごとにその色合いを変えてゆく。こうした山の景色は以前と変わらないものの、イカリソウヤシュンランなど美しい野草はずいぶん減ってしまった。桑畑もすっかり減ってしまったし、ホタルやトンボもすっかり少なくなってしまった。そういえば、アカガエルやサンショウウオもあまり見かけなくなった。コジュケイやウグイスの鳴き声が減ってしまった一方で、最近はガビチョウという外来種の鳥の声をよく聞くようになった。私は寄居に越してきて二〇年くらいしか経っていないが、ここ一〇年来急速に見慣れていた動植物が姿を消している（表6）。

最近は里山が荒れているといわれているが、それは寄居町でも例外ではない。里山を構成する環境要素としては、ため池、水田、小川、雑木林、竹林などだが、私たちが町内の田んぼや林を見回って感じたことを簡単に紹介する。

現在は町内にはまだたくさんの水田がある。ごく一部五月のゴールデンウィークの頃に田植えが行われるが、大半は六月上中旬である。県内で最も田植えが遅い地域といえる。寄居町では昔は多くの農家が養蚕や麦栽培を行っていたので、春の飼育（春蚕）や麦の刈り取りが終わってからでないと田植えを行うことができず、それで六月にずれ込んだのであろう。

町内の水田は山奥の谷津田まで土地改良事業が行われ、暗渠排水や用排水路が整備され排水がよくなっている。このため、冬期間は乾田の状態になっており（**写真17**）、ドジョウやメダカなど魚類がすむ

表6　水田で見られる動物

種類		主な利用の仕方	代表的な種類
鳥類		採餌場所	ガン類、ツル類、サギ類、シギ類、チドリ類
両生類		産卵場所、幼生の生息場所、採餌場所	カエル類
魚類		産卵場所、稚魚の生息場所	ナマズ、コイ、ドジョウ
昆虫類	水生昆虫類	産卵場所、生息場所、採餌場所	ヘイケボタル、タガメ、タイコウチ、ゲソゴロウ類
	トンボ類	産卵場所、幼虫の生息場所、採餌場所	アキアカネ、ナツアカネ
	陸生昆虫類	産卵場所、生息場所、採餌場所	ツマグロヨコバイ、トビイロウンカ、イナゴ、ニカメイチュウ、カメムシ類
クモ類		産卵場所、生息場所、採餌場所	キクヅキコモリグモ、ハナグモ
甲殻類		産卵場所、生息場所、採餌場所	カブトエビ、ホウネンエビ
貝類		産卵場所、生息場所、採餌場所	タニシ類
ヒル類		産卵場所、生息場所、採餌場所	チスイビル

（下田、2003）

水田を見つけることはおろか、赤トンボやホタルが発生する水田も僅かである。カエルの鳴き声も年々減っているようで、とくにアカガエルやヤマアカガエルが激減しているように感じる。このため、カエルを好物とするヤマカガシもまり見かけなくなり、サギの仲間が田んぼに群れている光景もあまり見かけなくなってしまった。

それでは、田んぼにはタニシやアカトンボといったおなじみの生きものは全くすんでいないのだろうか。そこで二〇〇三年の初夏に、アメンボ類、タニシ類、モノアラガイ類、アメリカザリガニ、ヤゴ、ガムシ類、オマジャクシ、ホウネンエビ、カブトエビの生息について、町内の七地域の合計六六枚の水田で畦を歩きながら

写真17　冬期は乾田となっている

目視で調べてみた。すると、どこの田んぼでも見つかったのはアメンボのみで、オタマジャクシは二六枚、ガムシは一二枚、ヤゴは四枚、タニシは三枚というように、田んぼの代表的な生きものが見られる田は僅かであった。

また、田んぼで農作業をしているのは高齢の方々ばかりで、あと何年耕作が続けられるのか心配になる。実際、このところ急に休耕田や耕作放棄田が目立ち、山に囲まれた水田（谷津田）ばかりか、道路に面した条件の良い場所でさえ耕作されていない水田が目につくようになった。農家によると、土地改良事業による自己負担金はいまだに払い続けており、耕作放棄した農家も例外でないという。

農業をやりたくても続けられない現状を垣間

写真18　手入れをしないとたちまちヤブ化してしまう

みる思いだ。幸か不幸か、耕作しなくなると当然農薬を撒かなくなり、自然環境が回復するように思える。この影響かどうかは定かではないが、山に囲まれた水田では、耕作放棄後数年間はホタルがたくさん発生することがある。しかし、多くの水田は排水が良好になっているので、耕作をやめると乾燥した草地となってセイタカワダチソウなどが生い茂ってしまう（**写真18**）。耕作を放棄しても決して以前のような湿地には戻らないのだ。水辺の生きものの保全のためには、いかに水田を水田として維持していくのか、耕作放棄された水田をいかに自然に富む水辺に復元するかというのが課題となる（**表7**）。

表7　湿田と乾田でのトンボの生息状況の比較（新井、1989を改変）

形　　状 灌漑用水の水源 裏作の有無	湿　田 川 なし	半湿田 川 なし	半湿田 湧水 なし	半湿田～乾田 川 なし	乾　田 川 あり	乾　田 地下水 あり	乾　田 池 あり
アジアイトトンボ	○	○	－	○	○	○	○
オオイトトンボ	○	○	－	○	－	－	－
モートンイトトンボ	○	－	○	○	－	－	－
コサナエ	－	－	－	○	－	－	－
オニヤンマ	－	－	○	－	－	－	－
ギンヤンマ	○	－	－	－	－	－	－
シオヤトンボ	○	○	○	○	－	－	－
オオシオカラトンボ	○	○	○	○	－	○	－
シオカラトンボ	○	○	○	○	○	○	○
オオアオイトトンボ	－	－	－	○	－	－	－
カトリヤンマ	－	○	○	－	○	－	○
アキアカネ	○	○	○	○	○	－	－
ヒメアカネ	－	－	○	－	○	－	－
ナツアカネ	○	○	－	○	○	－	－
マユタテアカネ	○	○	○	○	○	－	－
ウスバキトンボ	－	－	－	－	－	－	○
	10種	9種	9種	11種	7種	3種	4種

○：羽化殻あるいは幼虫を確認した種。

雑木林の現状

寄居の山はコナラやクヌギ、サクラ、クリ、シデなど落葉広葉樹の樹木にマツやタケが混ざる雑木林を主体に、スギ、ヒノキの人工林が混在している。しかし、雑木林ではアカマツは枯れて茶色くなっているのが遠目にもよく目立ち、林縁に近づくとシノザサ（アズマネザサ）がびっしりと生い茂っている。このため、林床に光が届かず、ヤブランなど日影にも強い僅かの植物しか見あたらない。これでは植物ばかりではなく、鳥や虫も林の中に入ることはできないだろう。さらに、ここ数年セミの声が以前より少なくなったように感じられ、以前には夜自動販売機におびただしい数の虫が群がっていたものだが、最近はそんな光景を見ることが少なくなってしまった。

なお、場所によってはシノザサが蔓延っていない林もあるが、そんな林では小さな木が密生しており、やはり林床には光が差し込まない状態になってる。大きな家の周囲の山にはモウソウチクやマダケが生えているが、これらの竹も密生し、枯れた竹が覆いかぶさって荒れた状態になっている。こんな密生した竹やぶでは竹の子の出る隙間はなく、周囲に這い出し竹林が拡大している。雑木林が竹林に変わってしまったという話も聞いた。

以前のように雑木林が管理されていた時代は、竹の子を食べたりシノザサを支柱に使ったりしていたことが、結果として竹の間引となって竹林が広がるのを防止していたのだろう。当時は、管理＝保全という関係であったようだ。

地主や農家の意向

それでは、地元の地権者や農家は里山保全をどう考えているのか。里山保全の主役であるこれらの人々の考えを知らなくては話が先に進まない。そこで、寄居町およびその農家および地主三四件を対象にアンケート調査を行うと同時に、一部の地権者や農家を対象にヒヤリング調査を実施した。その結果の一部は以下のとおりである。

〈Q1〉あなたは所有している山林に行きますか？	回答数　三〇	一〇〇％
1　一ヶ月に一回程度行く	五	一六・七％
2　四季にそれぞれ行くことがある	四	一三・三％
3　年に一回は見に行く	一〇	三三・三％
4　二～三年に一回程度見に行く	六	二〇・〇％
5　全く行かない	五	一六・七％

〈Q2〉あなたの所有している山林は下草刈り等の管理をされていますか？　回答数　三三

1　一年に一回程度やっている　九　二七・三％

2　二〜三年に一回はやる　四　一二・一％

3　していない　二〇　六〇・六％

〈Q3〉山林の管理をしなくなった理由は？　回答数　三二

1　下刈りは行いたいが、する時間が無い　九　二八・一％

2　下刈り等の管理をしても経済的利益が無いから行かない　一〇　二八・一％

3　山林が荒れているのは好ましくないが管理をする人がいない　九　二八・一％

4　管理する必要を感じないから　四　一二・五％

〈Q4〉山林の管理は今後どうしますか？　回答数　三〇

1　管理は行わないでそのまま放置する　七　二三・三％

2　市民団体などが管理してくれれば依頼しても良い　九　三〇・〇％

3　開発等の話が有れば売却してもかまわない　六　二〇％

4　自分で下刈りなど行いながら活用する　八　二六・七％

〈Q5〉市民団体などに下刈りなどの管理を依頼する場合に、その条件について、あなたはどう考えますか？　回答数　一七

1	費用が発生しても少額なら個人で出費して依頼しても良い	四	二三・五％
2	管理を依頼しその費用を行政等の補助金から充当できれば活用する	七	四一・二％
3	下刈りは有り難いが出費が必要なのはご免だ	五	二九・四％
4	無償で一緒に協同作業なら依頼する	一	五・九％

〈Q6〉あなたの所有している農地で耕作していない農地は有りますか？所有されている農地の現況に付いてお尋ねします。

回答数　四九

1	自分で全て耕作している	八	一六・三％
2	休耕田が有る	一六	三二・七％
3	耕作していない畑がある	二〇	四〇・八％
4	自分で耕作していないが貸している農地が有る	五	一〇・二％

〈Q７〉あなたの所有している農地の、主たる耕作者の年齢は？

		回答数	三五
1	二〇～四〇代	七	二〇・〇％
2	五〇代	一〇	二八・六％
3	六〇代	五	一四・三％
4	七〇代以上	一三	三七・一％

あなたの所有している農地の今後に付いてお尋ねします。
〈Q８〉あなたが農業を続けられ無くなったら農地はどうしますか？

		回答数	四五
1	跡継ぎがいるので特に考えていない	一一	二四・四％
2	耕作したい人がいれば貸しても良い（借りて欲しい）	二〇	四四・四％
3	市民団体などに貸して管理を任せても良い	八	一七・八％
4	買いたい人が有れば売却しても良い	四	八・九％
5	耕作放棄地になる	二	四・四％

〈Q9〉市民団体などに農地の耕作や維持管理などを依頼する場合に、その条件についてあなたはどう考えますか？　回答数　一二

1　小作料が貰えるのなら市民団体でも農地を貸して良い　二　一六・七％

2　荒れないように耕作してくれれば、無償で貸しても良い　一〇　八三・三％

3　生きものに優しい田んぼの機能を保全するので有れば賃金を支払ってでも、維持管理だけは市民団体に依頼しても良い　〇　〇・〇％

研究会の活動方針

前記のように寄居の生きものたちの生息環境は悪化し続け、今後も益々悪くなることが予想される。

このような状況の中で、私たちは何をすればよいのであろうか。これまで里山は地域で守ってきたのだから、これからも地域で守っていけばよいのだろうが、アンケート結果をみるとおり従来の方法では無理がある。地権者や農家だけではなく都市住民の応援も必要であろう。いずれにしろ、地域という小さな単位を周辺住民で守る仕組みをつくっていけば、全国の里山が守れるのではないだろうか。田畑、雑木林、ため池は、そこの暮しに必要だったからこそ地域全体で守ってきたのである。

水田の耕作面積が減り続ける中、灌漑を目的としてつくられたため池も近代的な圃場整備で利用することが少なくなってきた。しかし、だからといってそれらの価値がなくなった訳ではない。昔は価値として顧みられなかったものが、現代では価値あるものとなることだってたくさんあるはずだ。心のすさんだ子供たち、子供たちばかりではなく大人だって自然を通して学んだり、癒されたりすることが多いはずだ。地域に本当に必要なものは何なのか、それは地域の中に潜んでいるのではないか。それらをを見出し、活かすことが里山保全に必要なことであろう。

とはいえ、大部分の地権者や農家はそのような考えをしていないだろう。市民団体が声高に唱えても冷ややかな目で見られるだけである。しかし、地権者の多くはこのまま山や農地が荒れるのを望んでいる訳ではなく、我々の活動に関心も示しているのが感じ取れる。地道に活動を継続し、信用を得ながら協力者を増やし、地域全体が動き出すのを待つしかないだろう。こうした考えから研究会の使命は、人と人とのつながり、人と生きもののつながりを修復し、里山再興に向けたプランを提示することだと確信した。そのために行うべき事業は以下の三項目とした。

①体験をとおして人と人とのつながりの場を提供すること（交流事業）
②人と生きものとが共生するするための具体案を検討すること（調査研究事業）
③我々の想いと活動の情報や成果を伝えること（普及啓発事業）

これらの事業は子供を核として実施することにした。次に、その具体的な取り組みについて紹介する。

田んぼづくり

人と生きものとの共生にポイントをおいた里山振興に重要なことは、農地の保全と耕作放棄地の再生、それと荒れて単純化した雑木林の再生をみんなで担うことである。今後、水田面積は益々減少すると思われるが、新潟平野や宮城県一帯などの大規模な米どころの水田は残るに違いない。しかし、そこは肥料と農薬、大型機械により効率的に生産する〝米生産工場〟と化した水田であろう。このような大規模化、施設化した農業は、民間資本の参入により一層拡大するであろう。それらに比べ、基盤整備されているとはいえ小規模な寄居町の水田はこのままでは遠からず消滅するだろう。とりわけ、耕作不適な谷津田はあと数年で壊滅的な状況になるのではないだろうか。しかし、生きものにとって谷津田はかけがいのない生息場所となっているのだから、谷津の田んぼを耕作し続けて残すことが最優先課題である。しかもそれは、農薬と化学肥料漬けの米づくりではなく、生きものと共存できる米づくりを行うことである。そのためには、田んぼづくりをとおして参加者、とくに子供たちに米や野菜を育てることの楽しさを伝え、田んぼで暮ら

写真19　大区画水田（約0.5～2.0haの区画）
の圃場整備前後の比較
（上：整備前、下：整備後、岩手県上館地区、
農林水産省提供）（中川、2000）

す生きものについて知る場を提供することが大切である。さらに、そうした交流から地域でできた米を地域で消費する仕組みをつくっていくことである（**写真19**）。

現在、我々が耕作している田んぼの面積は約四一アールで、一家族一万円で参加者を募り、籾蒔きから収穫、脱穀までの各作業を参加者で行い、収穫した米を参加者で試食用に分配している。これと平行して、親子を主な対象として無料で田植えや稲刈りが体験できる機会も設けている。

この田んぼづくりは、除草剤と殺菌剤を田植え後一〇日目頃に一回だけ使用する減農薬栽培である。栽培の指導と水管理や掻《か》き耕耘《こううん》作業は農家が実施している。農地法上の制約や地域とのつながりもあるので、市民単独で水田耕作を行うことは困難であるし、好ましいことでもない。単なるイベントで終わらせるのではなく、地域内自給という目標を視野に入れると農家との協働が何より大切である。

ところで、農水省の発表によれば、二〇〇三年度の国民一人当たりの米消費量（精米）は五九・五キログラムだという。現在研究会の会員数は一七〇名であるから、一人玄米六〇キログラム消費するとして計算すると、一〇、二〇〇キログラムの玄米が必要になる。我々の実績によると、玄米の収穫量は一〇アール当たり二四〇キログラムなので、会員全ての一年間の米を生産するためには四二五アールの水田が必要になる。現在我々が耕作している一〇倍強である。

一七〇人がお金を出し合い、四二五アールの谷津田を耕作するには、参加費はいくらが妥当なのか、何人の農家の協力が必要なのかと言ったことを詰めていけば良いのではないだろうか。

すなわち、代掻きや田植え、収穫等の作業を担う専業農家、毎日の水管理を行う水田所有者などの生産者と、それら作業を手伝いながらも米を買う消費者がそれぞれ役割を分担し、その調整役をＮＰＯが担えば良いと考えている。

田んぼづくり教室

このような思惑を胸に、何はともあれ田んぼでの耕作体験を通して我々の想いを伝えようと、十数年前から市民参加の田んぼづくりを始めたのである。ところが、何年経ってもなかなか思惑どおりには進まない。最近は、農協や生協などでもこの種の体験農業をやっていることからわかるように、市民の関心度は高く、我々の田んぼづくり教室にも多くの参加者がある（**写真20**）。しかし、田植えや稲刈り体験を通して田んぼの価値を認め、田んぼを田んぼとして耕作し続けられるよう、生活者の立場で立ち上

写真20　里山体験イベント

がろうという方向にはいかないのだ。多くの参加者はなかば遊び気分である。田植えや稲刈りにはきても、田んぼの生きもの探しには参加しない。そして、田植えや稲刈りを少し体験したことで、田んぼのことが分かったような気になってしまい、何年か続けると飽きてもうこなくなってしまう。

我々は本当に正しいことをやっているのだろうか。バーチャル体験、農作業のお遊び化を助長させているだけではないだろうか、そんな罪悪感すら覚えることがあった。しかし最近はそれでもよいのでは、と考えるようになった。確かに疑似体験である。それでも体験しないよりはマシではないか。体験から何かを感じるはずである。我々自身だって田んぼのことがわかっている訳でもなく、こうした体験を通し、農家に叱られながら少しずつ学んできたのだ。遊びであれ自己満足であれ、こうした教室を続けることで、たった四一アールだが耕作が続けられるのも事実である。理想からは遠いが、今やれることをするしかないだろう。

我々が一生懸命やっていることを近隣の農家や地権者が見ている。その視線が最近暖かくなっていることを感じる。生産者と消費者という関係を越えて、双方が生活者という立場での協働による米づくりは、きっと実現すると信じている。

田んぼの生きもの調査

協働による田んぼづくりを実現するためには、これまでとは違った工夫が必要であろう。今でもため池にはスジエビやヨシノボリなどがすんでいて、水路から田んぼに紛れ込んでくることがある（表8）。しかし、田んぼは八月以降は水を抜いてしまうので、彼らは干上がって死んでしまうとおびただしい数になる（表9）。もし、水路からため池に戻ることができれば、あるいは水路に一年中水がたまっているようにすれば命を落とすことはあるまい。

実は、我々の田んぼには毎年アカトンボ（アキアカネ）が産卵にやってくる。稲刈りが終わり秋に大雨があると、田んぼのあちこちに浅い水たまりができ、たくさんのアキアカネ

表8　水田への移住パターンによる動物の分類

分　　類	移住パターン	例
水田定住種	1枚の水田で動かず、水田で生活環を全うする	ウンカシヘンチュウ・カブトエビなどの鰓脚類
水田周辺域定住種	水田に隣接した境界域にも生活圏生息範囲をもつ	キクヅキコモリグモのような湿性大型クモ類、ドジョウ・メダカなどの魚類、貝類
近距離移住種	生活圏が里全体に空間的な広がりをもつ	ミズカマキリ・トンボ類などの止水性昆虫、ナマズ・フナなどの魚類
長距離移住種	移動能力に非常に優れ、生活圏は国外にわたる種もある	ウンカ類などの熱帯性害虫、カタグロミドリメクラガメ・トビイロカマバチなど害虫の天敵、ツバメ、アマサギなどの渡り鳥

（下田、2003）

がその水たまりに産卵する。アカトンボ類の多くは卵で冬を越し、卵は乾燥に強く、乾田でも無事に冬を越すことができる。そして、四月に雨が降って水がたまると、卵からヤゴがかえるのだが、ほどなく水が干上がってしまうのでヤゴは全滅してしまう。仮に、春に水がたまらずふ化を免れても、田に水が引かれる六月までは生き延びることができない。もし、五月に水を田に入れることができれば、産みつけられたアキアカネの卵からたくさんの成虫がかえるのではないだろうか。

実際に町内の水田でアカネの羽化の状況を調べたところ、冬でも温暖な半湿田か、五月半ばまでに田植えが行われる乾田に限って羽化が認められた（表10）。このことから、五月に水を張ることができれば、我々の田んぼもアカトンボであふれることだろう。しかし、貴重なため池の水をアカトンボのために使うことはためらわれる。万が一、田植え時期に田んぼの水が不足すれば稲がつくれなくなってしまうからである。水田耕作は水を引く順番、水管理責任者な

表9　絶滅のおそれのある水田の動物

分類群	種　　名	絶滅危惧のランク
鳥　類	トキ	野生絶滅
	コウノトリ	絶滅危惧ⅠA類
	ナベヅル	絶滅危惧Ⅱ類
	チュウサギ	準絶滅危惧
魚　類	アユモドキ	絶滅危惧ⅠA類
	メダカ	絶滅危惧Ⅱ類
両生類	ダルマガエル	絶滅危惧Ⅱ類
昆　虫	タガメ	絶滅危惧Ⅱ類
	コガタノゲンゴロウ	絶滅危惧Ⅰ類
	シャープゲンゴロウモドキ	絶滅危惧Ⅰ類
	ゲンゴロウ	準絶滅危惧

（下田、2003）

ど長年の地域の合意のもとに行われてきたので、我々の願いは簡単には実現できないのである。

寄居町の水田にはドジョウやメダカはおろか、トンボもホタルも住まない水田がほとんどである。このような水田地帯に生きものをよみがえらせるためには、農薬を使わなければ良いのだろうか。無農薬でイネを栽培した場合、どのような生物が発生してくるのであろうか。

そこで、五年間は無農薬、無肥料で栽培した水田で昆虫調査を行った。調査水田は市街地の近くにある二〜三ヘクタールの平坦な水田地帯の一角で、基盤整備が施されている排水良好な田である。調査の結果、確認された種は一三七種で、未同定種を含めると一五〇種前後に達した。農薬施用水田と比較していないので客観的な評価はできないが、無農薬にしたからといって、ゲンゴロウやヤゴのような象徴的な生物が復活するとは限らないようであった。し

表10　寄居町周辺の水田でのアキアカネの羽化調査

調査地域	調査筆数	羽化水田筆数	栽培時期など
寄居町用土	15	0	乾田普通期栽培一部麦後
寄居町鉢形	20	0	乾田普通期栽培一部早期
寄居町今市	10	0	乾田普通期一部麦後
寄居町牟礼	20	0	乾田普通期
寄居町三品	14	4	乾田普通期一部乾田早期
寄居町秋山	14	0	乾田普通期
寄居町西の入り	27	0	乾田普通期一部乾田早期
寄居町末野	16	0	乾田普通期
小川町原川	5	0	乾田普通期一部半湿田
小川町高見	11	1	乾田普通期一部半湿田
美里町白石	8	2	乾田普通期一部伴湿田
合　計	160	7	

かし、水田には多くの生物が生息していることは確かである。除草剤を一回使用している別の水田（基盤整備され、魚類は生息していない）で、九月から一〇月までスイーピング方法によりイネの上部をすくい取り、四五科一〇三種以上の生物が捕獲された（**表11**）。これ以外の時期や水中、土中、畦などを調べれば、もっと多くの種が生息していることは明らかである。たとえ、基盤整備されて魚類がすめなくなったような田んぼでも、様々な生きものたちの生息場となっているのである。

次に、基盤整備による生きものへの影響をみるために、バッタを指標として隣接する未整備の水田とで調査した。いずれも谷津田で、一部は耕作放棄されて荒れた草原となっている。バッタの生態に詳しい仲間の内田正吉氏が、耕作水田内、放棄水田内、隣接する雑木林を任意に抽出して調べた結果を表に示した（**表12**）。

それによると、バッタの種類数は整備されていない谷津の方が多かった。内田氏によれば、種類構成からみると林縁や林床に生息する種ではどちらの谷津にも見られ、基盤整備の影響はあま

表11　9月から10月にスイーピング法によって確認された水田の生物
（南部、2004より作表）

分類群	目　名	科　数	種　数
両生類	無尾目	2	2
昆虫類	トンボ目	1	2
	ゴキブリ目	1	1
	バッタ目	4	7
	カメムシ目	5	10
	アミメカゲロウ目	1	1
	コウチュウ目	11	26
	ハチ目	7	19以上
	ハエ目	1	1
	チョウ目	2	4
クモ類	真正クモ目	10	30以上
計		45科	103種以上

表12　基盤整備の有無による確認種の比較

科　目	種	名	寄居町牟礼*	小川町**（内田、2001）
ヒシバッタ科	トゲヒシバッタ	*Criotettix japonicus*	●	●
	ハネナガヒシバッタ	*Euparatettix insularis*	●	●
	ハラヒシバッタ	*Tetrix japonica*		●
	コバネヒシバッタ	*Formosatettix lavatus*	●	●
オンブバッタ科	オンブバッタ	*Atractomorpha lata*	●	●
バッタ科	コバネイナゴ	*Oxya yezoensis*	●	●
	ツチイナゴ	*Patanga japonica*		●
	ヤマトフキバッタ	*Parapodisma yamato*	●	●
	ショウリョウバッタ	*Acrida antennata*	●	●
	クルマバッタ	*Gastrimargus marmoratus*		●
	クルマバッタモドキ	*Oedaleus infernalis*	●	
	ツマグロイナゴ	*Stethophyma magister*		●
	ナキイナゴ	*Mongolotettix japonicus japonicus*		●
	ヒナバッタ	*Chorthippus biguttulus maritimus*		●
コロギス科	ハネナシコロギス	*Nippancistroger testaceus*		●
カマドウマ科	コノシタウマ	*Tachycines elegantissimus*	●	
キリギリス科	アシグロツユムシ	*Phaneroptera nigroantennata*	●	●
	セスジツユムシ	*Ducetia japonica*	●	●
	サトクダマキモドキ	*Holochlora japonica*	●	●
	シブイロカヤキリモドキ	*Xestophrys javanicus*		●
	クビキリギス	*Euconocephalus varius*		●
	ヒメクサキリ	*Ruspolia jezoensis*	●	
	クサキリ	*Ruspolia lineosa*	●	●
	オナガササキリ	*Conocephalus gladiatus*		●
	コバネササキリ	*Conocephalus japonicus*		●
	ウスイロササキリ	*Conocephalus chinensis*	●	
	ササキリ	*Conocephalus melas*	●	●
	コバネヒメギス	*Metorioptera bonneti*	●	●
	ヒメギス	*Eobiana engelhardti subtropica*	●	●
	ヤブキリ	*Tettigionia orientalis*	●	●
コオロギ科	ツヅレサセコウロギ	*Velarifictorus mocado*	●	
	クマコウロギ	*Mitius minor*		●
	ミツカドコオロギ	*Loxoblemmus doenitzi*	●	
	モリオカメコウロギ	*Loxoblemmus sylvestris*	●	●
	エンマコウロギ	*Teleogryllus emma*	●	
	アオマツムシ	*Truljalia hibinonis*	●	●
	カンタン	*Oecanthus longicauda*	●	
	クサヒバリ	*Svistella bifasciatum*	●	●
	キンヒバリ	*Natula matsuurai*		●
	ヤマトヒバリ	*Homoeoxipha obliterata*	●	
	キアシヒバリモドキ	*Trigonidium japonicum*	●	
	ヤチスズ	*Pteronemobius ohmachii*	●	●
	エゾスズ	*Pteronemobius yezoensis*	●	●
	マダラスズ	*Dianemobius nigrofasciatus*	●	
	ヒゲシロスズ	*Polionemobius flavoantennalis*		●
	シバスズ	*Polionemobius mikado*	●	●
ケラ科	ケラ	*Gryllotalpa orientalis*		●
	合　計　種　数		32	37

＊寄居町牟礼：谷津田が基盤整備されている谷津環境
＊＊小川町（内田、2001）：基盤整備されていない谷津環境

りないという。その一方、草地環境に生息する種では、基盤整備された谷津では撹乱を強く受ける草地環境に生息する種が多く、湿地や半自然草地に生息する種が減少する傾向がみられるとのことである。このことから、バッタのように水生生物ではなくとも、基盤整備による乾田化の影響を受けるといえよう。

難しい畑の保全

里山の自然を構成している環境要素の一つに畑がある。寄居町の畑の大半は桑畑であったが、現在養蚕は壊滅的な状況にあり、桑畑が野菜畑へと変わっている。いうまでもなく、桑畑は蚕の餌となる桑の葉を取るためのものである。蚕は昆虫であるので、農薬の付いた桑の葉を与えると死んでしまう。そのため、昔から桑畑は栽培植物の中では農薬散布に慎重で、それもあってか桑畑には多くの虫がいた。なかでも、桑の葉しか食べない害虫のクワノメイガやクワコは、養蚕業が衰退すると絶滅してしまうかもしれない。

なお、桑畑から野菜畑に変わっても、様々な虫がすんでいることだろう。しかし、野菜畑にどんな生きものが暮らしているのか、水田と同様、害虫以外は知られていないのが実情である。

いずれにしろ、野菜畑も里山の生物にとって不可欠な環境であろう。畑が宅地や工場に変わってしまえば、生き物もすめなくなるし景観も変わってしまう。寄居から秩父にかけての桑畑は、この地域らしい景観を形づくっていた。しかし、野菜とりわけ路地野菜の経営は厳しさを増しており、畑の放棄も目立っている。そこで、一つの試みとして畑を借り、会員で無農薬栽培の野菜づりにチャレンジした。

土づくりと苗づくり、耕耘は農家にお願いするが、そのほかの草刈りや間引き、収穫などの作業は自分たちで行い、収穫物は参加者で山分けするという方法である。その代わり、参加費として一家族五、〇〇〇円を徴収し、集まった参加費を謝金として農家に手渡すという仕組みである。農家と都市住民との協働による畑の保全としての試みだったのだが、結果は三年で失敗してしまった。失敗の原因は、夏に収穫する作物は害虫のエサを提供しているかのような虫食い状態となり、無農薬では無理だったこと、収穫は頻繁に行わないと時機を逸してしまうことであった。遠方からの参加者たちがなかなか収穫にくる時間がつくれず、せっかくの収穫物を食べられずに畑に放置した状態となった。結果として参加者が減り、農家への謝金は会からのもち出しで賄わざるを得なかった。加えて、日常の草取り作業を事務局が行わざるをえなくなり、その負担も耐えられなくなった。

現在は、耕作放棄した畑を無償で借り、ソバや果樹を植えている。ソバは無農薬でつくれ、収穫、選別、粉ひき、ソバ打ちなどイベントとして人気があるためである（**写真21**）。果樹はグミ、ケンポナシ、キイチゴなどの野生のものや、アーモンド、クワ、ハスカップなどスーパーやくだ

写真21　ソバづくり：ソバの選別作業

もの店では手に入らないものを植えている。しかし、このような方法で保全したところでたかが知れている。要は、農家が路地野菜で食べていけるようにすることが大切である。

そこで、地元で採れた旬の野菜を地域の人が食べる、いわゆる地産地消運動をはじめた。これは農産物を消費者が農家から直接購入するための仲立ちをするもので、週に二回事務局が消費者に野菜などを届けるほか、適宜生産農家の見学会や意見交換会、懇親会を実施した。最近は、農協などが運営する直売所が各地にできているが、スーパーの野菜売り場とたいして違わないように思える。直売のよさは安さや新鮮さではなく、生産者と消費者との交流であるはずだ。私たちは農産物の購入を通して、農産物についての確かな情報を共有するとともに、生産者、消費者双方の立場の理解と信頼関係を築き、農的な環境を保全するための役割分担を図りたいと願ったのである。

しかし、これも一〇年ほど続けているものの全く広まらずにいる。それどころか、はじめた頃より消費者も生産者も減っている状況なのだ。たくさん売れなければ農家は本気にならない、本気にならなければ消費者は魅力を感じない。全くの悪循環である。

雑木林の管理と活用

田んぼや畑以上に里山の自然として大切なのは雑木林である。そこで、雑木林の保全について検討するため、急傾斜の山の一角を借りることにした。借りたのは山の裾から中腹に掛けての一角で、面積は約三〇アールである。地主によれば、昭和四〇年代以降手入れを行っていないという。樹種はコナラ、クリ、サクラ、リョウブなど雑多であるが、コナラが優占している。ここを借りて雑木林の生物調査の場所としたり、子供たちの遊び場、植物資源の利用を図っている。

まず、密集しているササ刈りからはじめたのだが、急傾斜の場所で先が見えないほど密生したササ藪を刈払い機で刈り取るのはかなりの重労働である。それも、ササを根絶するためには真夏が良いとのことだったのでお盆休みに行った。作業は思いのほかはかどったのだが、刈り取ったササを片付ける方が大変であった。片付け作業は、まず刈り取ったササをまとめて数箇所に積んでおき、葉が枯れてからカッターで粉砕した。本当は粉砕しないで支柱に使ったり、ササ笛をつくったり再利用すればよいのだろうが、量が多すぎて片づけを優先した。ササは翌年も発生したが、その都度刈り取ることによってかなり絶やすことができた。実は、ササが茂った雑木林の管理はとてもボランティアの手に負えるものではないと考えていたのだが、案外簡単なのかもしれない。機械のない昔は鎌で地域の人々で管理してきたことを考えれば、市民ボランティアによる雑木林管理は意外と可能なような気がする。

なぜならば、一年目は大変だが、二年目以降は時折り下草刈りをすれば十分で、あまり手間がかからないからである。しかし、四〇年を経過したコナラやサクラは萌芽力が弱く、萌芽更新により林を再生するのは難しいようである。

雑木林の動植物調査

放置されて荒廃した雑木林は林床植生の単純化を招き、生物多様性が低下するというのが定説になっている。この点を検証するため、借りた雑木林でイエロー・パン・トラップによる昆虫調査を行った。調査場所は、放置されたままでササに被われた林床（a区）と、ササを刈り取った林床（b区）、それとヒノキを植林したものの放置された状態の林床（c区）の三ヶ所である。各林床に直径八・五センチ、深さ三・五センチメートルの黄色い円形容器を朝にセットしておき（底に洗剤を入れた水を八分目入れておき、容器に落ちた虫を殺しておく）、夕方回収して捕らえられた虫の種類や数を比較したものである。この調査はハチが専門のスタッフの南部敏明氏が二〇〇一年の春から秋に行った。調査した結果の一部は表13、表14に掲げたとお

表13　雑木林でのトラップによる捕獲昆虫種数の比較
（南部、2002より作表）

捕獲昆虫目名	放置林（a区）	ササ刈林（b区）	放置杉林（c区）
バッタ目	1	1	1
カメムシ目	1	3	0
チョウ目	0	0	1
コウチュウ目	6	16	5
ハエ目	10	27	5
ハチ目	12	24	13
合計	30種	71種	25種

りで、各林床共にハチ、ハエが多く、カメムシ、甲虫類なども入った。種類数は、ササ刈りしたb区が他の区よりはるかに多かった。同様に、c区は種類数は少なかったものの他の区では認められなかった種が多く、捕獲個体数も多かった。同定できない昆虫も多く、場所と種類との関係はまだ分析していないが、三ヶ所を合計すると種類数は一一〇種あまりとなった。調査方法の特殊性から地上徘徊性のものや、地表近くで活動するものに限られるが、それでも多くの生きものが生息していることが確認できた。このことは、生物多様性の保全と回復には多様な環境がセットで必要であることを示している。

また、昔は林床の落ち葉を冬に集めて堆肥にしたという落ち葉掃きは、林床植生にどのような影響を及ぼすのだろうか。そこで落ち葉を掃いてしまう区画と放置しておく区画を設け、林床に生えてくるの植物の種類やその場所に生育している樹木の成長を比較することにした。まだ調査をはじめて三年しか経っていないのだが、放置した区画の方が植物の発生は多いようである（**写真22**）。

表14　雑木林でのトラップによる捕獲昆虫個体数の比較
（南部、2002より作表）

捕獲昆虫目名	放置林（a区）	ササ刈林（b区）	放置杉林（c区）
カメムシ目	2	6	2
コウチュウ目	9	25	15
ハエ目	82	195	193
ハチ目	56	215	140
合計	149頭	441頭	350頭

これらのことから、多様な生物を保全、復元するためには、画一的な管理を行うのではなく、ローテーション、ゾーニングなど多様な管理の方法を組み合わせることが大切だといえよう。

写真22　しっかり手入れされた里山

里山体験イベント

農作業以外にもフィールドを活用して、子供たちを主な対象とした体験イベントを行っている。二〇〇二（平成一四）年度には「里山色々体験プログラム」と題して、表15、表16のように一〇回のイベント、二〇〇四年には一二回のイベントを行った。

これらの中で一番人気があったのは収穫祭で、子供たちはヒツジにふれたり、みんなで料理をつくることに興じた。

■出会いの場としての里山ギャラリー

研究会を設立して三年ほど経過すると、我々の想いを伝える場の必要性を痛感するようになった。フィールドでのイベントを通した出会いや情報の伝達もよいが、それだと参加者が限られてしまう。中高年者にとっては、外でイベントに参加するよりも、お茶や食事を楽しみながらゆっ

表15　里山体験プログラム

開　催　日	テ　ー　マ　と　内　容
5月19日（日）	「里山ってどんなところ？　—オリエンテーション—」 田んぼ、雑木林、トンボ公園などフィールドの案内と参加者の自己紹介
6月 8日（土）	「田んぼの泥って気持ちいい？！　—田植えと自然観察—」 8アールの田んぼの田植えを行い、アオガエルなどの田んぼの生き物を観察
7月13日（土）	「ザリガニ釣り＆ホタル観察」 トンボ公園の池でザリガニ釣りを行い、暗くなったらホタル観察
8月 4日（火）	「雑木林で遊ぼう！　—雑木林管理と木の名札つけ—」 雑木林に生えている植物の名札付けと林の生き物調べ
9月14日（土）	「赤トンボを追いかけよう！」 田んぼや雑木林、トンボ公園で赤トンボ採りと、その名前調べ
10月13日（日）	「おいしいお米がとれたかな？　—稲刈りと自然観察—」 6月に田植えを行った田んぼで、稲刈りと生き物調べ
10月26日（土）	「稲からお米に変身！　—脱穀ともみすり—」 脱穀ともみすり作業を行う。脱穀した稲わらは粉砕し田んぼに還元
11月10日（日）	「ヒツジと遊ぼう　—牧場での収獲祭—」 羊にふれたり、畑で収獲した野菜での料理づくり
12月14日（土）	「生きものたちの冬ごもり」 雑木林は田んぼで虫たちの越冬状況を観察したあと、田んぼで稲わらで焼いたサツマイモを食べる
1月25日（土）	「里山の恵みを楽しもう—わら細工づくり、ソバ打ち体験」 研究会で栽培したソバを材料に、ソバ打ちを行ったり麦わらで虫かご作りを行う

くりと語り合う場の方がよいかもしれない。私たちの想いを伝え、様々の人の想いを聞き、双方の想いがうまく合致すれば新しい協力関係が築けるだろう。出会いの場が必要なのだ。

そこで、そのような出会いの場としてギャラリーの開設を思い立った（写真23）。このギャラリーは、寄居の自然の現状について絵や写真で伝えたり、里山の素材を生

表16　2003年度イベント

イベント	日時	場所	内容
総会	5月5日（月）	ふれあい農園	総会・シイタケの駒打ち・野草のてんぷら
トンボの羽化観察	6月1日（日）	都幾川	川でトンボの羽化観察とヤゴ探し
田植え	6月7・8日（土・日）	研究会の田んぼ	手植えで田植えをします。古代米と白米
田んぼの生き物調べ	6月15日（日）13：00～15：00	研究会の田んぼ	田植え後の田んぼの生き物探し。カブトエビやホウネンエビがいっぱい！
里山シンポジウム	6月22日（日）10：00	寄居会館	〈テーマ〉トンボを育む田んぼの恵を考える
ザリガニ釣り	7月27日（日）	研究会のビオトープ	ザリガニ釣りとカブトムシ探し
里山の味覚を味わう	10月5日（日）		栗拾いやキノコ狩り
稲刈り	10月12日（日）	研究会の田んぼ	稲刈り
日米交流フォーラム	10月11日（土）	小川町吉田家住宅	里山再興シンポジウム
ソバの収穫	11月8日（土）13:00～15:00頃	ふれあい農園	鎌で収穫し、束ねて干す。
収穫祭	11月9日（日）10：30～14：00	皆農塾農園	田んぼ体験教室のお米と野菜の試食・羊の毛のクラフト
里山ギャラリー・ノアオープニングイベント	11月15日（日）13：00～16：00	里山ギャラリー・ノア	コンサートと交流会

かした工芸品などを展示するためのものであり、それらをお茶を飲みながら語る場である。しかし、構想はできても資金がない、そんな折スタッフの知人が無償で空家を貸してくれるという話が舞い込んできた。二〇〇三年三月のことである。早速見に行ったところ、竹林もある広い敷地の中にその空き家はあり、少々傷んではいるものの十分使えそうである。とはいえ、普通の民家なので、ギャラリーらしくするため壁の張り替え、照明器具の取り替え、抜け落ちていた床を補強するなど、かなりの手間がかかりそうで、看板も必要である。資金がないので、それらはスタッフのボランティア作業でやるしかない。スタッフとはいえ、私以外は勤め人であるので、作業できるのは休日のみである。ボランティアとは、そもそも自分の気に入った時に行うべきものである

写真23　2003年に開設した「里山ギャラリー・ノア」での展示風景

が、そんなことをいっているといつオープンに漕ぎ着けるかわかったものではない。

そこで、オープンは約半年後の一一月一五日と決めてしまった。人間誰しも、お尻に火がつくとやらざるを得なくなるものである。その結果、熱心なスタッフは連日出勤前と帰宅後の数時間、それに休日を丸ごと使い作業に精を出す羽目になった。徹夜で看板づくりをやってくれた人もいた。こうなるとボランティアとはいえず使役である。しかし、目標に向けみんなが力を合わせ、自分の得意な作業をやるというのは結構楽しいものである。こうして予定どおり、「里山ギャラリーノア」としてオープンすることができた。

出会いと交流の場とするため、このギャラリーでは地元の人が趣味でつくった作品の発表の場としたり、各種の講習会を行っている（**表17**）。オープン後、これまで実

表17　ギャラリーでの講習会と参加者数

講　座　名	参加費（円）	参加者数（人）
組み木作り	無料	4（8）
絵手紙講習会	200	10（10）
クリスマストピリー作り	1,300	9（10）
親子クリスマスリース作り	1,000	11（10）組
正月リース作り	1,000	10（10）
ソバ打ち講習会	500	9（10）
デコパージュ講習会	800	5（10）
パン作り講習会	500	10（10）
樹脂粘土の人形作り	500	10（10）
雛人形作り	500	14（10）
トールペイント作り	800	11（10）
障害児向き絵画教室子供	無料	4（10）
スゲによる縄作り	200	10（10）
うどん打ち教室	500	10（10）
木製額作り	300	10（10）
ポプリ手芸教室	100	7（10）
庭の雑草の名前調べ	無料	1（10）
竹細工作り	300	1（10）
草木染め講習会	1,500	10（10）

（　）内は定員

施した展示会と講習会は表に示したように多岐にわたっている。講習会には（定員は毎回一〇人前後）そこそこに参加者があるものの、普段は来館者が一日平均三人前後と少ないのが頭痛の種である。また、講習会も人気があるのはカルチャーセンターのような内容のものばかりである。我々の狙いは、あくまでも里山保全に向けた賛同者の出会いの場なので、里山保全に関係するような内容にしたいところだが、それだとどうも人気がないのである。せっかく講師をお願いして講習会を企画しても、参加者がないのでは何もならない。講習会の費用のうち講師謝金は研究会が負担し、参加費からは材料費だけ徴収しているので、カルチャーセンターよりはかなり安いはずである。このためギャラリー運営は厳しいものがあり、早晩行き詰まることが目にみえている。しかし、たとえ一日三人しか来館しなくても二〇〇日開ければ延べ六〇〇人と出会えるのだ。お茶を飲みに立ち寄るお年寄り、塾までの時間をつぶす小学生がやってくる。そんな人々の居場所になるのもギャラリーの役割だろう。オープン以来まだわずかか半年経っただけであるが、こうした場があるからこそ、出会えた人々も少なくない。町内にこんなにたくさんの無名の芸術家がいることを知ったことも大きな収穫である。営利では一日三人しか来なければ話にならないが、小さな出会いから新しい道が開けると信じ、一日でも長く続けられるよう頑張っていきたいと考えている。まず金ありきではなく、出会いこそ金へと通ずると確信するのがNPOである。

資金調達の課題

市民団体に限らないことであろうが、活動を持続したり、目的を達成するために必要なことは人と資金である。人と資金をいかに集めるかが課題であるが、よい知恵が浮かばないまま今日に至っている。まず資金だが、一例として二〇〇三年度の収支を表18に示した。活動費の七割が助成金頼みというのが実情である。助成金というのはあくまでその事業を助成するのが目的であるので、スタッフの人件費や事務所の光熱費など経常経費は認められないか、認められたとしても僅かである。しかし、我々が最も欲しいのは経常経費、とくに事務局スタッフの人件費である。助成する側としては、事務局スタッフや事務所の経費を助成することは、その団体の自立を損ねると考えるようである。確かにそのとおりだが、事業を支えているのはスタッフ、すなわち生身の人間であることを知って欲しいものである。

そもそも環境保全などの公益的な事業は、損得勘定で行うことではないからこそ役所が税金を使って実施しているのだが、市民にとって期待したような効果が得られないため、各地で自然保

表18　2003年度の収支計算書

科　目	決算額	内　容
支出の部		
会費収入	242,000	正会員116名（会費：2千円）、賛助会員2名（会費：5千円）
寄付金収入	264,402	
事業収入	1,493,454	田んぼ、畑、ソバづくりなど
トラスト事業	30,000	雑木林の購入のための募金
助成金収入	5,934,000	環境事業団、サイサン環境保全基金等3団体
雑収入	25,004	視察案内、研修会謝金、銀行利子
前期繰越金	268,356	
収入合計（A）	8,257,216	
支出の部		
人件費	1,378,750	専従者給与、有償ボランティア代、経理アルバイト
謝　金	390,000	講師謝金、シンポジスト謝金、委員会員謝金
旅費交通費	281,380	スタッフ、シンポジスト、委員会委員旅費
消耗品費	590,898	事務用品他
通信費	614,899	通信送料、報告書送料、標本送料、案内通知等
交際費	40,157	地主歳暮、加盟団体会費等
租　税	20,000	県法人税
借用料	178,500	地代等
会議費	56,217	理事会、運営員会、出店委員会等諸費用
印刷代	1,311,786	アカトンボ調査報告書、水田調査報告等3種類
使用料	6,900	会報印刷等リソグラフ使用料印刷
手数料	850,840	アカトンボ収集手数料、代掻き等作業手数料
備品購入費	1,436,165	軽トラック、冷蔵庫、エアコン、電話機等
保険代	58,050	レクリエーション保険、火災保険、自動車保険
種苗費	25,661	種籾代、ハーブ苗代
食料費	16,005	イベント時茶菓子代
資材費	117,480	昆虫調査用器具
管理費	25,200	ホームページ管理費
燃料代	2,246	農機具ガソリン代
光熱費	74,403	ギャラリー電気、ガス、水道代
電話代	12,814	ギャラリー電話代
図書費	37,854	文献、書籍購入費
修繕費	675,192	ギャラリー改装諸経費
広告宣伝費	25,725	チラシ作成費、案内板設置費
トラスト積立	30,000	トラスト募金積み立て
支出合計（B）	8,257,122	
収支（A−B）	94	次年度繰越金

護団体が誕生したのである。さらに、それら活動を持続的に行うのには任意団体では支障が生じたため、NPO法が生まれたのである。したがって、役所が使っていた税金をNPOに還流すべきなのだが、そうならないというのが実情である。NPO法が施行されて数年しか経たない現在では、NPOに資金が流れる仕組みが社会にできていないのである。

そうした、過渡期にある特殊性を考慮して、期間を限って経常経費を認める助成金も必要ではないだろうか。最近は、多くの助成団体がNPO法人立ち上げ資金の助成に力を注いでいる。しかし、NPO法人設立のための資金はそれほど必要ではなく、むしろ安易な法人設立を促すことになり、僅かな金額での立ち上げ助成はマイナスのように思える。

ところで、NPOへの税金の還流方策として出てきたのが、役所からの事業委託である。新たな税金の使い方として期待がもたれはいるのだが、下手をすると役所の下請けになってしまう危険性もはらんでいる。役所側の経費節減策としている面も伺われる。NPO法人は企業と違って活動資金は道具であって目的ではない。我々の受ける委託事業は、会のミッションに適合するものに限るべきである。今後は、透明性・公平性の原則から事業委託も競争入札が導入されるであろう。そうなると、当然のことながらNPO同士の競争になる。もちろんある程度の競争は必要なことだが、落札価格だけで競わせるのは問題があろう。直接人間にサービスを提供する福祉系

ＮＰＯなら、受益者がサービスの対価を支払うが、生き物の保全という受益者が特定できないサービスではそうもいかない。助成金や事業受託ばかりでは組織のミッションから足を踏みはずす恐れもある。

そう考えると、自力での資金調達が必要となる。そこで我々は有料の観察会や講習会、農業体験などを企画している。ところが、この種の事業は公民館や博物館、農協、生協などが格安の参加費でやってしまうことが多い。税金や資金力のある団体の企画よりもすぐれたサービスを提供したとしても、参加者からそれ相応の参加費を得るのは至難の業である。もちろん全国には優れたサービスを提供し、上手に運営しているＮＰＯもあると聞いている。これからのＮＰＯは、理念や熱い情熱よりも企画力がものをいいそうではあるが、どうしても私たちは情熱だけが先行してしまう。それに、とかく我々はよいことをやっているんだという思いがある。それも金儲けではなく、ボランティアでやっているんだから、社会はそれ相応の評価をすべきだと思いがちである。しかし、善し悪しの判断は他者がすることで、他者がよいことだと賛同し、応援しようという気を起こさせなければただの空論となってしまう。そのためには、謙虚になって伝える姿勢が必要である。その点ではいわばサービス業ともいえよう。企業でも自社の製品がよさを懸命にアッピールしているように、非営利団体でも同じであろう。理屈は分かっているのだが、ボランティアで参加している運営スタッフにサービス業に徹しろというのは無理な相談である。

ところで、もし事務局の専従者に生活の保障をしないで済むなら、活動に必要な資金調達はそれほど難しくないように思える。法人格を取得している団体でも専従者のいないところもある。専従者はいても、出向者扱いで専従者自身に別の収入源があり、人件費がいらないところもある。しかし、NPO自身が専従者を雇用できるような資金力をもたなければ、NPOが社会を変える力を発揮できるとは思えない。もちろん多様な形態のNPOがあってよ良いが、今日のNPOとりわけ環境保全系のNPO法人の課題は、専従のスタッフの人件費の確保である。それには、社会のニーズを汲み取り、そのニーズを満たす場として、これまでの活動を事業化することが必要となろう。

その場合、多様なニーズと満足の得られるサービスを提供できるように、他のNPOとの役割分担・連携などの体制づくりが不可欠であろう。財政規模の大きな少数のNPOが育つより、小規模なNPOが多数存在した方が、全体としてきめ細やかなサービスが提供できるように思う。つまり、おのおのの守備範囲は狭くてもよいから、お互いが足りないところを補って行けばよいのだ。企業のように競争に勝ち抜いて大きくなるのではなく、共存するような形態をめざすべきであろう。

そうとはいえ、数人の専従者賄うだけの資金を確保するのは容易なことではない。当研究会では私が一応専従者となっているのだが、月給は五万円というのが実情では、とてもＮＰＯ専従者とは胸を張ることなどできない。それではどうすればよいのであろうか。目下のところ暗中模索であるが、事業化に向けたいくつかの取り組みや予定を紹介しよう。

資金獲得に向けた試み

目下事業化に向けて実施していたり、実施予定のものは、①有料の体験プログラム、②貸しギャラリー、③自給農産物を使った軽食堂の運営、④グリーンツーリズム、⑤米やソバの契約栽培である。それらを簡単に述べる。

①貸しギャラリー

毎月一回、自然素材を中心とした展示会を行っており、一部その作品の即売を行っている。草木染め、竹細工、組み木などを即売したが、銀座や青山なら高値で売れそうなものばかりだが、田舎ではイマイチと言ったところである。出展者はプロではないが質はかなりハイレベルである。プロでない分作品への愛着が大きく、売ることにためらいをもつ出展者も多い。その一方、金を出しても欲しいということはその作品が評価された証でもあり、売ってみたいという出展者もいる。この場合、手数料として頒布価格の二割を研究会がいただくことにしているが、展示案内用のはがきの印刷や送料も研究会が負担しているので赤字の状態である。将来ギャラリーが有名になり来館客が増加したら、貸しギャラリーとして有料にすることによって赤字の解消ができるかもしれない。

②軽食堂

当会ではソバやキイチゴなどを栽培しているので、手打ちそばやキイチゴジュースなど自然食の軽食堂をやってみたいと思っている。軌道に乗れば、農家との契約栽培の道も広がる。そうすれば農地の保全へと結びつく。

現在、収穫した黒米を知り合いのプチホテルや日本料理店で購入してもらっている。その量は僅かであるが、近い将来量を増やして契約栽培したいと考えている。地元でつくった減農薬米は客にとっても好感をもってもらえるであろう。さらに、希望する客に稲刈りなどの参加も勧誘してもらえば、双方にとって好都合である。黒米ばかりではなく、ソバもメニューに加えてもらうつもりである。

③グリーンツーリズム事業

里山がブームになっているが、里山とは一体どんなところなのか分からない人（若者に限らず都会で生活した中高年も）が多い。また、里山が荒れていると聞いてもそれがどんな状態なのか、実感していない人も多い。こうした人々を我々のフィールドにきてもらい、解説しながら案内すると大変納得してもらえる。このような知的好奇心を満足させる散策は、有料化しても参加者があるのではないだろうか。散策に加え里山での作業体験なども適度に加味すれば、よりバラエティに富んだものとなろう。また、環境について学ぶ大学生を対象に、大学と委託契約を結ぶという手もある。実際ある短大では、保育科の学生の実習に樹木の枝打ちなど作業をさせており、それを里山保全の市民団体が請け負っている例がある。

これらの構想を具体化して事業として成り立たせるには、かなり有能な人材が不可欠である。それも、トンボやホタルが好き、大工仕事が得意という人たちだけではどうにもならない、という気持ちにさせられるが、チャレンジだけはしてみるつもりである。

生物多様性保全に向けた諸提案

■水田の場合

日本の水田は次の四種類に大別できる。①比較的大規模に区画化されており、生物多様性は低いが生産性が高く、耕作者が確保される見込みがあるもの。②圃場整備はされてはいるが自給的な農家が多く、後継者も少ないもの。③耕作条件が悪く、耕作放棄されているもの。④耕作意欲があるが減反政策に応じて休耕化しているもの。

①の水田は今後も生産性を重点においた耕作を続ける。ただし、今後は環境保全型農業を推進し、減農薬化などに努める。たとえば、水路に常時水を流す、冬季に湛水する、落水期に水生生物の避難場所を設けるなど、生物の生息環境にも配慮することにより、少しは生物多様性が向上するであろう。この場合、水利組合の了解を得るなど地域の合意形成が不可欠である。

②の水田は、生産性よりも生物多様性保全に重点をおいた耕作を行う。つまり、可能な限り無

農薬、無化学肥料など環境に負荷を与えない栽培法とする。それに伴って、労働生産性や収益性は落ちると思われるので、中山間地デカップリングの導入など生物生息場所として評価し、行政サイドから耕作が持続できるような財政支援策を講ずる必要がある。また、農家のみではなく、地域住民や都市住民などが参加する形で耕作を継続するのも一つの方法である。この場合、伝統的な農法を取り入れるなど、生物多様性の回復に努めると共に、地域文化の継承と地域コミュニティの形成を図っていくことが望まれる。また、環境学習の面からは総合的な学習の授業として位置づけ、教育委員会が予算化することも検討したい。

③の放棄された水田の場合は、住民参加により復田したり、トンボ公園、湿性植物園など復元型ビオトープとしての活用を図る（図6）。この種のビオトープは維持管理に多くの労力を

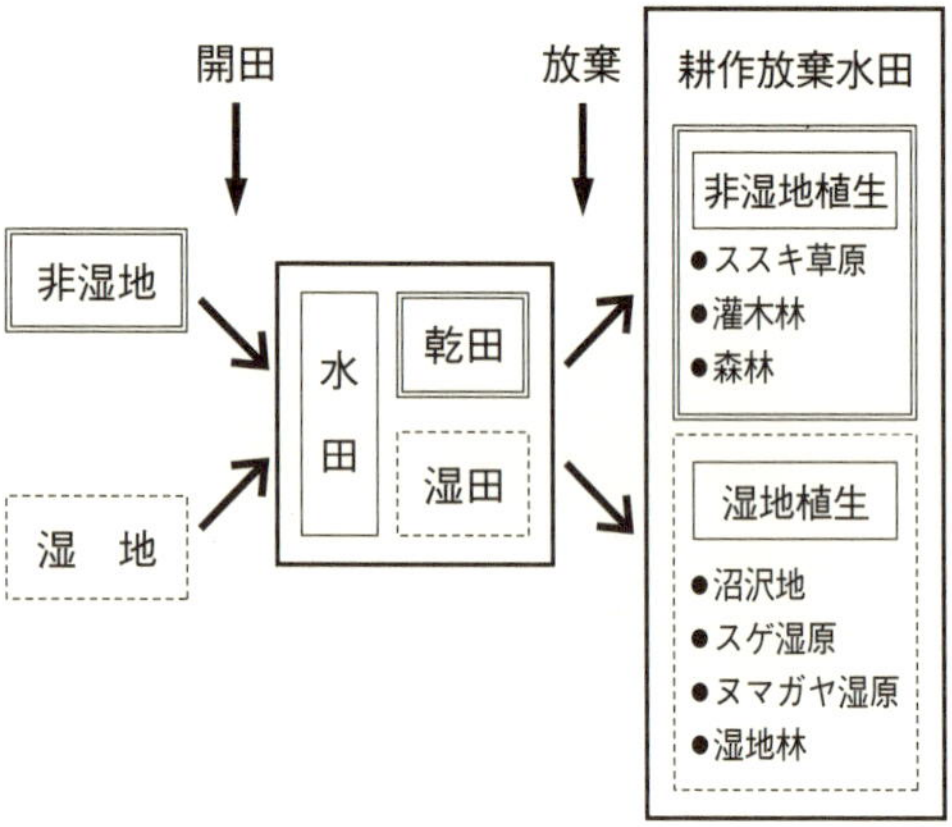

図6　土地利用と植生の変化（下田、2000）

要するもので、ボランティアでの管理を継続するのは大変である。その場合、公益的な貢献への対価として、地主や活動主体に対する人的経済的支援策を講ずるなど行政サイドからの後押しが必要がある。また、管理主体側も学校や老人会、農協、企業など様々な団体と連携し、ボランティアによる管理体制を持続させる努力が必要である（図7）。

④の休耕中の水田の場合、農家にとって雑草管理が課題である。雑草除去には、除草剤の散布やトラクターでの耕耘、草刈り払い機によって刈り取るなど様々である。こうした中で、管理労力軽減のために水を張っておく湛水管理は、一時的にしろトン

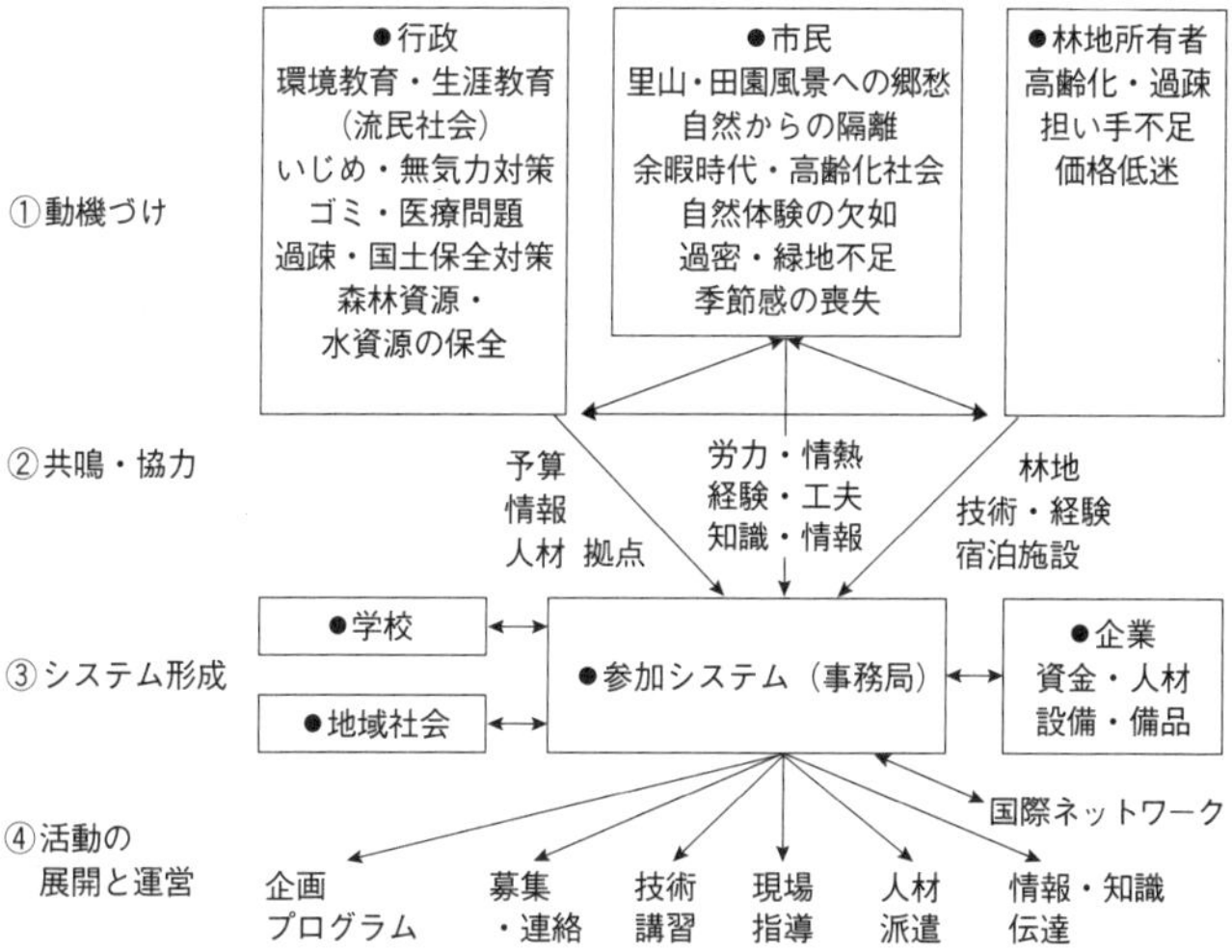

図７　森林保全のための市民参加システム形成のプロセス
（重松、1999）

ボなど水生生物の生息場所となる。ただし、水もちの悪い水田では水管理に労力を要するし、干上がった場合は生物への影響が大きいので避けた方が良いだろう。そのような水田の場合は、水を張らずに草原としておくとバッタ類などの生息場所となる。しかし、耕作地での害虫対策にも考慮しなければならない。様々な雑草管理をうまく組み合わせることで、どうしたら生きものたちの多様な生息環境を保全していけるか、地権者と共に考えていくことが必要である。

■生物多様性の保全に配慮した土地利用計画を立てる

里山は水田、ため池、水路、中小河川、二次林、植林地、畑、樹園地、屋敷林、集落などの様々な環境要素がモザイク状に存在し、人の利用に伴う多様な環境変化を生物が巧みに利用することによって、人と生物とが共存してきた系である。しかし、既に述べたような様々な要因により、生物の生息環境が消失・劣化し多様性が低下してきた。その回復には、個々の環境要素の改善を図ることが必要であるが、それ以上に重要な点は土地利用計画を立てることである。

たとえば、人の立ち入りを制限する地域、その境に緩衝帯を設け、そして利用・共有する地域、田んぼや畑地、生活地域、商業地域、というように計画したらどうだろうか。少し前までの里山・里地一帯はこのような形態ですみ分けができていたのだが、急激な都市化・近代化によりこの秩序が崩れてしまったようだ。行政には早急に対策を図ってもらいたいが、計画策定の際にはいわゆる有識者の意見だけでなく、環境保全団体、研究者らと共に地域住民の意見・要望も求めるべきである。

■条例等制度の制定や見直しを行う

現在、自治体単位で里山保全に対応した条例や協定などが制定されているが、決して十分とはいいがたい。土地所有者でない市民団体や個人が公有地に立ち入り、間伐や伐採などを行う行為に対して、法的に担保されたものはない。ため池も市民団体が関与できない状況である。

たとえば、わが国には昔から入会(制度)と呼ばれる村落独自の自治的な仕組みがあった。村落の中で庄屋などの名主を中心に山野を管理し、農民らがそこから薪用の材木を切り出したり、落ち葉などの堆肥を供給するなどの権利を定めた制度である。今でも地方に残る大字・字という自治単位といってよいだろう。自給自足を維持する重要な仕組みで、鎌倉時代から明治の中頃まで存在していた。この入会地の利益を受ける権利を入会権という。この仕組みを復活させて、環境保全の意味合いをもたせた「環境入会」が提唱（品田穣氏・NPO birthの佐藤留美氏等）されている。

また、棚田などではじめられているオーナー制度やトラスト制度も新たな試みである。都市住民が費用を出して一定期間その土地を借り、日常の作業・管理は農家が行い、休日や長期の休みを利用して農作業を体験しながら収穫する制度で、各地で実施されている。

いずれも、都市住民の農業体験を通じて自然にふれ、その恵を得ることの喜びを実感したいという要望と、放棄されて価値のなくなった里山や休耕田（棚田）を有効的に活用したいとの双方の思惑が合致した例である。このように、様々な主体が生物多様性の保全や回復に関与できるような制度上の整備が急がれる。

その一方、自然公園法や天然記念物指定、各種条例により動植物の捕獲や採取を禁じた法制度はあるのだが、里山の生物は捕獲や採取しなければ守れるというものではなく、むしろこのような制限が保全のための調査や飼育、栽培の足かせになる場合がある。既存の規制措置が真に生物保全に有効か否かの検証が必要であり、その緩やかな運用をも考慮する必要があろう。

■生物多様性の保全・回復に向けた管理技術を確立する

生物多様性を保全・回復するためには、個々の生物・他の生物や人間との関係など基礎的な調査研究が不可欠である。しかしながら、そのような調査は少なく、我々が得ている情報は僅かである。この少ない情報を足がかりにマニュアル化され、全ての里山の生物保全にあてはめようとするのは非常に危険である。各地域において生物調査を

表19　各類型ごとの生物多様性保全・回復に向けたモデルプラン

類　　型	管理・改善方法など	管理主体など
管理中の二次林	シイタケ栽培など資源として活用 カタクリ等群生地、オオムラサキ生息地など地域財産として活用	農家 愛護団体・商工会等
放置された二次林	生物多様性向上に向けた多様な管理 指標種の回復に向けた管理 管理せず放置	行政＋保全団体＋観光協会＋学校など
大区画化した水田	落水期に避難水路を設ける 冬季湛水する 環境保全型耕作（減農薬など）	農家・利水組合の同意の基に耕作者
	環境に配慮した基盤整備を推進	補助事業
谷津にある小区画の水田	生産性より生物多様性重視した多様な耕作方法を採用	農家＋地域住民＋保全団体
休耕田	水を張って管理	農家
放棄水田	ビオトープ化する 復田化する	地権者の合意が必要
使用しているため池（老朽化していない）	集水部の改善を行う（湿地的な環境にする） 周辺の管理を行う（間伐、草刈りなど） 外来種を取り除く	管理者＋地域住民＋保全団体 受益者＋
使用しているため池（老朽化している）	生き物に配慮した改修事業とする （研究者や自然保全団体の意見を聞く）	国・県 地域住民＋
使用しないため池	浅く埋め立てる 湿地的な環境にする	行政＋保全団体

行い、その地域に適した管理体制を確立する必要がある。

また、自然再生にかかわる公共事業には大なり小なりの土木工事を伴うことが多い。最近では、環境に配慮することは当然のようになっているが、これまでは工事にかかわる技術者の多くは土木畑出身者で占められ、生物に関する知識に乏しいがために生物に対する配慮に欠けるきらいがあった。今後は生物調査で得られた情報が十分に生かされるよう、施工主の行政担当者はじめ現場技術者の生物・生態系の教育も行う必要がある（表19）。

■里山保全に向けた体制を確立する

里山は人間の諸活動によって維持されてきた多様な環境が、生物の生息空間を提供してきた。従って、様々な主体が連携、協働して対等の立場で取り組む体制を確立することが必要である。しかしながら、これまでわが国にはこのような協働のシステムは確立されておらず、合意形成や意見調整等に課題が残されてきた。今後、このような体制を確立するために欠かせないのが意見調整役となる中間組織の存在であり、それを担うのが幅広い見識をもつＮＰＯ法人であると考える。しかし、このような体制は一朝一夕にできるものではなく、実践的な取り組みを通して確立

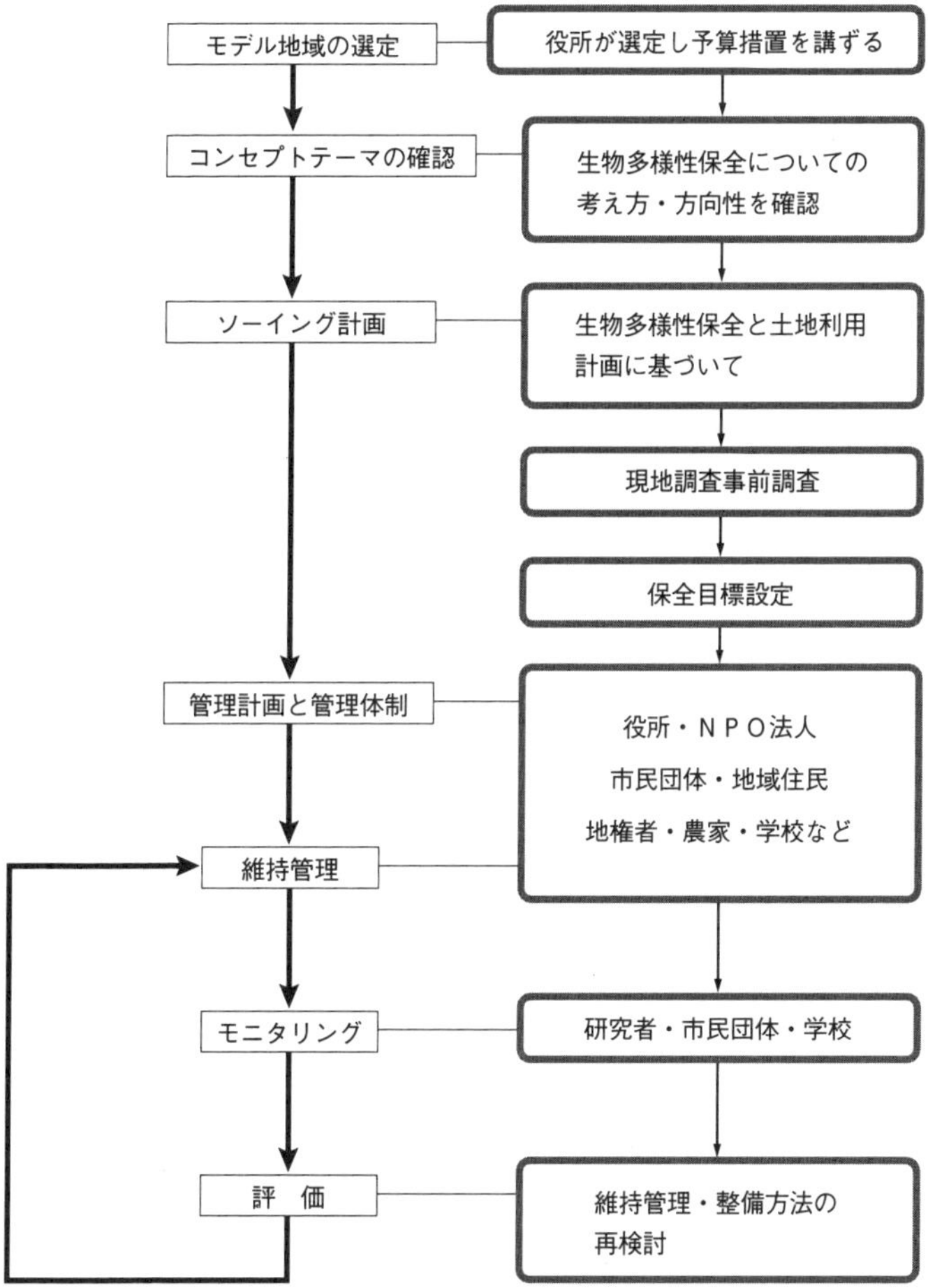
モデル地域の選定
役所が選定し予算措置を講ずる
コンセプトテーマの確認
生物多様性保全についての考え方・方向性を確認
ソーイング計画
生物多様性保全と土地利用計画に基づいて
現地調査事前調査
保全目標設定
管理計画と管理体制
役所・ＮＰＯ法人
市民団体・地域住民
地権者・農家・学校など
維持管理
モニタリング
研究者・市民団体・学校
評　価
維持管理・整備方法の再検討

図８　モデル事業推進のプロセス

することになろう。そういう意味でモデル的な事業を行うべきと考える。モデル事業実施に向けた組織づくりと推進プロセスの素案を図8及び図9に示したので参考にされたい。

以上、思いつくままにいくつかの提案をしたが、肝心なことは地域の人々が、生物と共存することが人間が暮らすために不可欠なのだ、という共通の価値観をもつことである。いわば、人と生きものとがつながり、つながることによって生きものから恵みを受け、その恵みのために人と人とがつながるという循環の仕組みを地域ごとにつくることである。このことは、人間とは何か、自然とは何か、という本源的な課題にたどり着くことになるだろう。こう考えると、里山とは実に根の深いものであることを実感させられる。里山問題は私たちの生き方への問いかけでもあるといえよう。

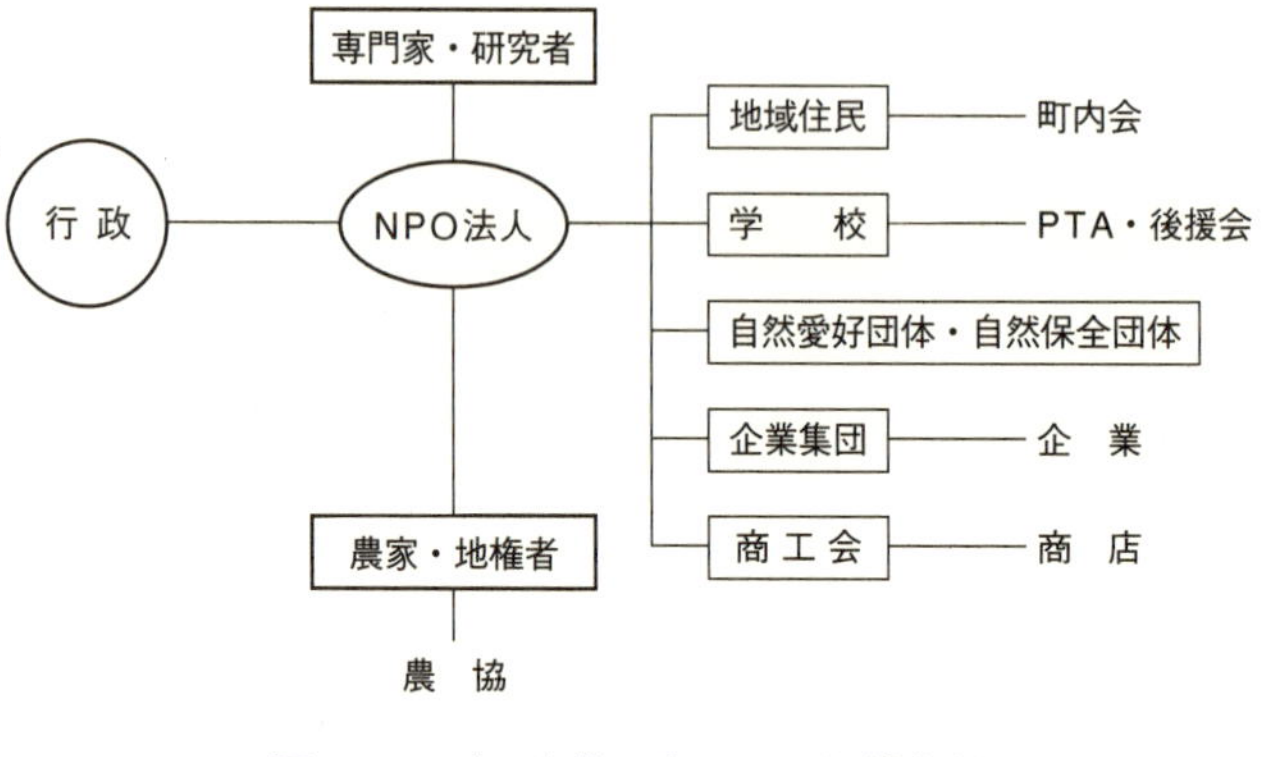

図9　モデル事業に向けての組織体制

あとがき

里山保全に向けた私たちの歩みをつづってみると、そこには対立的なキーワードが浮かび上がってくる。よそ者対原住者、消費者対生産者、農家対非農家、マチの人間対ムラの人間、実践者対傍観者、生業対遊び、行政対市民などである。これらの立場が異なる人々が混在する地域社会にあって、私たちはある時には実践者として、ある時には提案者として、またある時には調整役として振る舞ってきた。だが、そのいずれの役回りも十分に演ぜられたとは言い難い。しかし、その場その場でみんな頑張ってきたことは事実である。そのことが将来きっと実を結ぶに違いない。そう信じたいと思う。

本書は、当初「里山保全とＮＰＯ」というタイトルにするつもりだった。しかし、従来の保全の仕組みを模倣するのではなく、それを乗り越えた新たな地域社会を興すことだと考え、「里山再興と環境ＮＰＯ」に変更した。実は、二〇〇三年NPO birth（バース）の主催で、「里山再興」というタイトルのシンポジウムが行われた。私もそれに参加させていただいたのだが、たくさんの若いボランティアスタッフにより運営され、会場には自分たちで里山を蘇らせ、新しい地域社会をつくるんだという熱気に溢れていた。私はそこで元気をもらい、同時に日本の若者も捨てたものではないと感じた。私たちのような五〇歳代を中心とした中高年スタッフが、歯を食いしばって頑張る時代は間もなく終わるだろう。これからは、若い元気のあるスタッフが活躍するNPOの出番である。そうは知りつつも、まだもう一踏ん張りしなければとの思いもある。

本書は、環境問題に関心をもちながら、何をどうして良いかわからずにいる市民、環境系NPO団体スタッフ、環境保全を勉強中の学生、そうした方々に少しでもヒントになればとの思いで、私たちのつたない活動を失敗や悩みを隠さずに書きつづったものである。先が見えないなかで、頑張っているじゃないか。自分たちも負けずに頑張ろう。こんなことなら私にも手伝える。そのように感じてくれたらと願っている。

しかし、できあがった原稿を読み返してみると、なにか愚痴めいたことばかり書いてきたように思える。もちろん、本書は愚痴を聞いてもらうために書いたのではないのだが、歳を取ると愚痴っぽくなるのかもしれない。

この本で紹介した事項は、「寄居町にトンボ公園を作る会」と「むさしの里山研究会」の活動が中心となっており、その体験や中心メンバーと繰り広げた議論をもとに成り立っている。また、活動をとおして出会った全国の環境ＮＰＯや助成財団の方々との意見交換も参考にした。このような多くの方々との出会いがあったればこそ、本書を書くことができたのである。とくにお名前を挙げさせていただかないが、この場をお借りして厚くお礼申し上げる。

また、本書の執筆を勧めてくださった上、丹念に原稿に目を通してわかりやすいように手を加えて下さった、信山社編集部の四戸孝治氏に心から感謝申し上げる。

最後になったが、脱サラという暴挙に理解を示してくれた妻と子供たちに、本書を心からの感謝のしるしとしたい。

二〇〇四年七月一二日

新井　裕

参考・引用文献

新井　裕（二〇〇二）＝水田に生息するトンボ、里山の自然研究二、八一～九一頁

新井　裕（二〇〇四）＝寄居町周辺でのアキアカネの発生状況、全国一斉アカトンボ調査平成一五年度調査報告書、二三～二七頁

内田正吉（二〇〇二）＝埼玉県の丘陵地における基盤整備された谷津環境の直翅目群集（続）、里山の自然研究二、一七～四七頁

環境省（二〇〇二）＝新・生物多様性国家戦略

重松敏則（一九九九）＝新しい里山再生法、市民参加型の提案、全国林業改良普及協会

下田路子（二〇〇〇）＝水田の植物相、農村ビオトープ、信山社

下田路子（二〇〇三）＝水田の生物をよみがえらせる、岩波書店

進士五十八他編著（二〇〇〇）＝生き物緑地活動をはじめよう―環境ＮＰＯマネジメント入門―、風土社

竹内　健（二〇〇二）＝ブラックバス問題に対する人々の認識とその現状、環境保全学の理論と実践Ⅱ（森　誠一監修）、信山社

千葉市（一九九七）＝千葉市野生生物の生息状況及び生態系調査報告書

中川昭一郎（二〇〇〇）＝圃場整備と生態系保全、農村ビオトープ、信山社

南部敏明（二〇〇二）＝里山の昆虫（里山研究基礎調査）、里山の自然研究二、四八～六二頁

南部敏明（二〇〇四）＝スイーピング法による減農薬水田の生物調査Ⅱ-2、里山の自然研究四、五七～六七頁

藤井　貴（二〇〇〇）＝農村ビオトープの保全・造成管理、農村ビオトープ、信山社

日鷹一雅（一九九〇）＝粗放的でも集約的でもない農法を求めて（中筋房夫編）、自然・有機農法と害虫、冬樹社

寄居町にトンボ公園を作る会（一九九六）＝無農薬水田における昆虫相の比較

寄居町にトンボ公園を作る会運営協議会（一九九八）＝寄居町にトンボ公園を作る会戦略プログラム

■著者略歴

新井　裕（あらい　ゆたか）

1948年（昭和23）東京生まれ
埼玉県寄居町在住。
平成元年に寄居町にトンボ公園を作る会を設立し、寄居町の自然保全活動に取り組む。
1999年（平成11）保全活動に専念するため埼玉県職員を早期退職してNPO法人むさしの里山研究会を設立、その代表（理事長）を務める。

主な著書：「トンボの不思議、2001、トンボ入門、2004」どうぶつ社、共著に「昆虫飼育テクニック、1985」（共著）日本交通公社出版事業局、「市民が作るトンボ公園、1993」（共著）けやき出版、「ビオトープ、1993」（共著）信山社、「みんなで作るビオトープ入門、1996」（共著）合同出版、「環境年鑑、2002」（共著）創土社。
その他多数。

里山再興と環境NPO
— トンボ公園づくりの現場から —

発　行　2004年7月30日
著　者　新井　裕
発行者　今井　貴・四戸孝治
発行所　株式会社 信山社サイテック
〒113-0033　東京都文京区本郷6－2－10
電話　03（3818）1084
FAX　03（3818）8530
発　売　株式会社 大学図書
印刷・製本／松澤印刷㈱・㈱渋谷文泉閣

ISBN4-7972-2575-0　C3061